感性工学とAI、VRへの応用

長町　三生　監修

KAIBUNDO

はしがき

医学部進学を考えていたが，経済的問題からそれに近い心理学に進学し，学習心理学（現在の認知心理学）を専攻した。その間，企業にも関心があり，従業員のモラール研究，管理者のリーダシップ研究など多くの論文を発表し，安全問題にも手を出していた。大学院時代に 3 年間医学部で勉強しその後工学部でも講義に出席して知識を広げた。心理学の博士号取得の作業も終了し，心理学科の助手採用が決定していたが，どうしても人間工学を研究したくて工学部助手に転向した。

最初に手掛けたのが中国電力株式会社の依頼で，住宅街に設置してある電柱の柱上作業の安全を研究することになり，工学部内に生き線 4 本の電柱を立て心電図ほかの計測をしているうちに，電柱に昇降のため取りつけている足場くぎを，電柱の地上に近い部分から段々柱上に向かって間隔を短くすることを考え，改良の上再び実験をしたところ，作業者の緊張が緩和され安全にしかも楽に昇降することが可能になった。続いて，電柱上部の装柱が作業員の思いのままにできているのを，すべて道路に平行に装柱する設計へ改善したところ，作業性がよくなり電柱作業の事故が皆無になった。この形式は日本全国で採用されている。

その後，ミシガン大学交通研究所で人間工学者として研究をする機会を得て，GM や Ford を指導したり，デトロイドのコボホールで毎年開催される「全アメリカ自動車学会」で数回招待講演に招かれるほどになり，日本企業のレベルアップに貢献しなければ，との思いで 1 年間の滞在で切り上げて帰国した。直後に経済産業省から呼び出しがあり，日本の自動車産業を米国への輸出がもっと可能になるレベルへ強化するように協力依頼を受け，東京の自動車産業会館での毎月の会合に出席し，すべての自動車企業も指導することになった。

この体験から，新製品開発にも興味を持ち，「誰でもできる効果的な商品開発技術」の開発研究を開始した。その関係から，自動車ばかりでなく船舶エンジン，冷蔵庫，ブラジャー，化粧品，住宅，ショベルカー，ホテルほか，業種を問わず依頼を受けた商品開発がすべて成功し，世の中に役立っている（p.7 表 1.1 参照）。

感性工学という名称は，最初はマツダの山本健一社長（当時）がミシガン大学の講演でお使いになった名称であり，久しいお付き合いだったので「この名称を使わせてください」とお許しを得て，それ以降使用している。当初は「Emotional Engineering」の名称を使って国際会議で発表していたが，海外の友人たちが「“emotion” は意味範囲がとても狭い，君がしゃべっている内容はもっと広くて，日本語の感性（Kansei）を使うべきだ」とのアドバイスを受けた。現在，海外でも “Kansei Engineering” の名称が流行しており，研究も盛んである。

これまでも感性工学の書籍を多く出版してきたが（海文堂出版ほか），AI や VR の時代にふさわしく，私のグループも感性工学に関連した AI 商品をかなり開発することができた段階なので，改めて「誰でも感性工学で開発が成功するシステム」とともに，感性を取り扱う AI や VR システムの開発プロセスを公表することにした。

長町グループは「感性工学」の実績では世界一である。成功した新製品も自動車，航空機、ブラジャーその他 80 種類程度になっており企業の後押しをしている。また感性工学がらみの人工知能研究もかなりの量が積み重なってきた。諸外国も感性工学に関心を持ち世界中で論文も増えてきたし，国家戦略として感性工学を強化している国もある。日本がこの世界で常に優位に立つために，我々のグループの研究資産を公開し，興味を抱いていただければ幸いである。

監修　長町 三生

目　次

第 1 章　感性工学とは，そしてAI との関連性

1.1　感性工学の効用と発展性

長町三生が感性工学を創設して 50 年になるが，今や世界中が注視する新しい学問，あるいは新しい強力な開発技術となっている。

元来，新製品開発をはじめとする商品開発には，企業の技術を基盤として開発する “Product-out” の手法と，顧客のニーズを探索してそれを新製品開発としてマーケットへ送り込む “Market-in” という手法との二通りが存在する。企業の技術開発が旺盛な頃には前者が先行していたが，マーケットが充実してくると顧客の要望も高まり，顧客志向でないと物が売れなくなってきた。ここに感性工学の本質がある。感性工学は顧客の感性を取り出し，それを開発の中心に置き，マーケット側が満足できるように自社技術と結合させて新商品を開発する技術である。技術を持っている企業と感性分析に長けた大学なりコンサルタント集団なりが共同して開発を進めるやり方を “Open innovation” という。長町の感性グループは後者の支援をしていて，100％の確率で成功している。その理由は，企業サイドだけの開発では，技術志向があまりに強力であるためにマーケット側の感性を無視ないし軽く見ることになり，マーケット側の要求を忘れることが多い。その反対に，顧客の感性に強い第三者が手助けをすると，感性と技術が相乗効果をもたらし，商品開発に成功することになる。

本章では，感性の発掘の仕方とそれを新製品開発の手順に乗せる方法について解説する。

1.1.1　世界的なデザイナー栄久庵憲司先生との出会い

ある年の日本人間工学会開催時に世界的に著名なデザイナー栄久庵憲司先生をお招きし，講演をいただいた。その際「私も広島出身です」と自己紹介をし，ま

たGKデザイン事務所へも訪問した。また航空機や新幹線の中で出会ったときも「長町君，隣りへ座りなさい」とお声をかけてくれるほどに親しくなった。話題はご自身の成功したデザインのお話である。あるとき，「感性工学」という名称をつけたのは大変いいことだといわれ，ご自身の醤油瓶やオートバイや新幹線のデザインで，使用する人の感性を“造りこむこと”で成功した（図1.1，図1.2）と教えられた[1]。

図1.1　キッコーマン醤油瓶

図1.2　新幹線E3系電車

次に日本人間工学会誌に当時の学会長である大島正光先生が「情緒工学」という題の論文を発表された[2]。長町はすでに“emotional”との名のついた論文をいくつか国際会議で発表済みであったが，大島先生に「情緒工学」と名のついた研究の仲間入りをさせていただく了解を得た。その後，マツダの山本健一社長（当時）が長町の古巣であるミシガン大学で「感性工学Kansei Engineering」と題した講演をされたと，ミシガン大学の友人が講演ブックを添えて連絡してきた[3]。山本社長とは親しい間柄であったので，「社長，感性工学の名称を使わせてください」とお願いし，その許可を得た。海外にも親しい友人がいて“emotional”がいいか“Kansei”がいいか，の質問をしたところ，日本語の“Kansei”は“emotion”の狭い意味よりもっと適切，とのアドバイスを受け，最終的に「Kansei engineering」の名称を付けたのである。その後弟子たちとともに感性工学の研究を続けてきた。海文堂その他の出版社から感性工学の本を出版し，英語・日本語を含めて五百を超える論文を発表してきた。その効果があって，今では世界中に広まり，感性工学がデザイン手法の仲間入りを果たした[4]–[10]。

ミシガン大学交通研究所から帰国後，経済産業省から“アメリカ輸出を狙いとした自動車産業の強化のための研究会”に出席の依頼がきたので，毎週のように大手町の日本自動車工業会に出かけた。米国の車両規格に合わせた車づくりに方向を合わせるための業界の研究会の開催であり，最も新しい情報を持っていた関係からの誘いであった。研究会は東大，慶応大，早稲田大ほかすべての自動車会社の参加であり，長町は個別に自動車会社の指導にもあたってきた。日産自動車とは以前からのお付き合いもあったので，早速依頼がきた。売れないシーマの改装問題である。20台のそれぞれ異なったメーカー品を広島市内のディーラーからかき集めて大学の校庭に並べた。経営工学科の学生45名に感性調査の進め方を教育し20台の車の外観調査を実施し，特にシーマにどんな問題があるかを分析した。学生調査マンの感性結果は確かに問題を指摘した。外観も車体カラーも，そして最もよくなかったのが制動灯を含めた後部全体のデザインであった。このような事態に欲しいのは，要求されるデザインに役立つ「感性データベース」である。たとえば高級感を与えるアールとはどんな程度のアール（roundness）か，といったデータである。長町はそれを持っていた。外観の高級感を実現するための車体のカラー，好感をもたらす後部デザイン。後部全体が制動ランプであることは追突防止に効果的ではあるがそれがかえって下品に見せてしまう。改装した新シーマをすべての新聞社が絶賛した。特に日本経済新聞が「見返り美人」と絶賛し，また国内ばかりか欧米の車両までが後部デザインを摸倣するようになったのを，同紙は「シーマ現象」と褒め称えた。これこそが，人間の目で見たときの感性を忠実にデザインに表現した成果であった。

1.1.2　感性工学の仕組み

1.1.2.1　大脳の構造と感性

図1.3は大脳構造の機能の一部を示す。感覚器官から伝わった伝達信号が大脳のそれぞれの処理機能に到達して，味・匂い・色・音・外観の形などの情報が処理される。それぞれが感情を伴い，認知される。それらが前頭葉の働きで統合的に感性として意味づけされる。たとえば，赤色を見て「情熱的」と解釈する。情報は生理的に解釈されるとともに長い体験の中で経験的に蓄積されていく。赤いバッグを見た（＝視覚）女性が引きつけられるようにバッグに近づき，バッグを

手に取り，あちらこちらを眺める。この間，彼女の感性はどんどん高まり変化する。そして価格表を眺めて，しぶしぶとそれを元に戻す。感性が価格に負けてしまった。

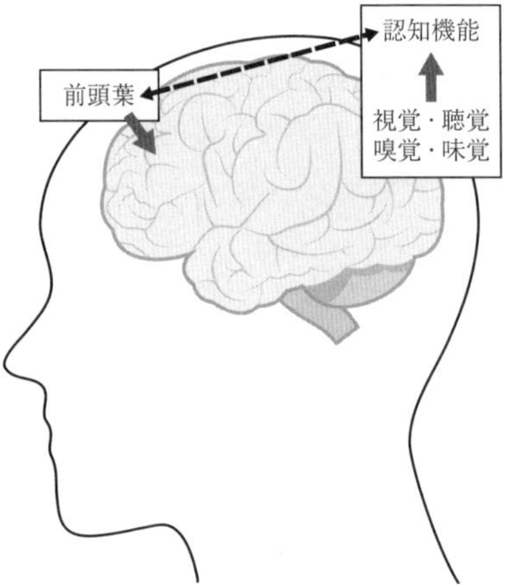

図 1.3　情報処理の流れと感性の表出

味，匂い，色，形，音などの物理的特性に感情を伴い印象として感じるのが感性である。「赤」を“情熱的”と感じるのが感性である。最初は生理的に感じながら長い体験の中で身につけていくものである。この感覚が最終的に前頭葉を含めた大脳皮質で判断されて購買行動が生まれる。

感性は長い間の体験を通して身につくものであるために複雑な仕組みになっているので，女性だから「赤」が好きだろう，などと単純に考えてはならない。

1.1.2.2　感性工学と感性

感性工学は多くの人々がどのような感性を持っているかの基礎調査を実施し，それに最も適したデザインを設計することで多くの顧客から喜ばれる商品を造る，という技術である。ただし，多くの人々が共通に持っている感性を調べてそれに相応しいデザインをしても，喜ばれないことが多い。もしそうなら，意見調査を行い最も多い意見でデザインしても売れる商品ができるはずだが，それほど簡単ではない。人の好みや感性は多角的な特性を持っているので，多角的な感性を取り入れてデザインすることが望まれる。

大脳から感性が表出されるルートには，いくつかある。図 1.4 のように，感性は大脳が感じる事項なので，当然に大脳探索が考えられるが fMRI《エフエムアールアイ》 を使用した大脳計測が始まっているが，そう簡単ではなさそうである。

1.1.2.3　感性調査

感性調査は，感覚反応を求める方法と，大脳皮質の反応を求める方法とに大きく分かれる。音の調査，味蕾の反応，皮膚感覚（ザラザラ感）など感覚器官の調査があるが，これらも最終的には認知機能の判断に頼ることになるので，筆者らは感性調査を手掛かりにしている。図 1.4 のように，感性が表出されるルートは感覚が関与するルートによってさまざまであり，目的とする感性の根っこの調査を工夫することが重要である。感性は，最終的には大脳の前頭葉で解釈されて表現されるので，多くの研究者は fMRI 測定器で大脳皮質部位の血流動態反応の調査を魅力的と感じるのだが，反応部位から推察するだけであり，本当にどのような感性かは被験者に聞かざるを得ない，という課題に戻る。脳研究では脳波ないし脳波関連事象（ERP，P300 その他）などがよく取り扱われる。脳波は車両運転時に覚醒しているかどうかを判断するには便利がよいが，特定の感性を捕まえるにはほど遠い。長町らは ERP を使用した実験を実施しよい結果を得ているが，欲しい物が手に入れば顔色が変わり（表情），おいしいものを食べれば「おいし

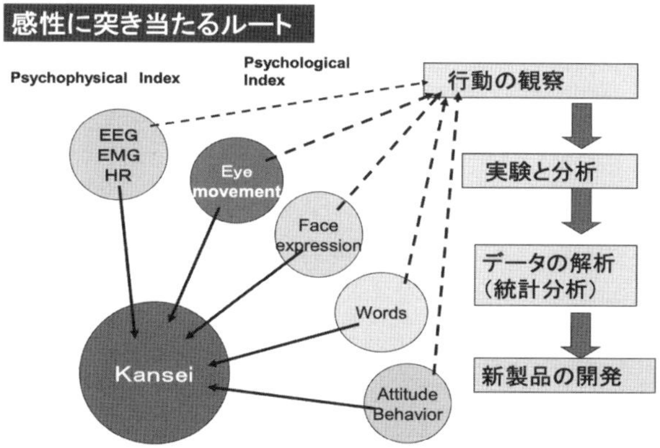

図 1.4　感性が表出されるさまざまなルート

い」と言葉が出るし，これも研究目的によっては使用価値がある [11]。そのほか，好きなものには視線が引きつけられ，気にいったものにはつい手が出る。

このように感性を図るルートにはいろいろあり，どのルートが狙いとしている感性測定に正確で測定しやすいかを考えて，感性調査の仕方を決定するとよい。

長町らは Osgood [12] らの心理尺度測定法（SD 法）を活用する。図りたい感性を言葉で表現し，それに対して 5 段階とか 7 段階の評定尺度を作成し，当てはまる程度をチェックする，という実施しやすい方法を活用している。重要な点は，調査に参加する人たちにとって答えやすければ割と正確な感性データが取れることと，参加する人たちに苦労を掛けないことである。海外では 7 点尺度（感性の程度を 7 段階にすること）が普通であるが，日本では 5 段階と 7 段階がよく使用される。Osgood は「よい — 悪い」のように反対語を用いたが（彼はロシア人の性格特性の調査を実施した），よいデザインを設計するならば「悪い設計」をする必要がないので，「よい — よくない」の否定語を使用している。単語だけでなく文章もよく活用している。

1.1.3　感性工学の進め方

1.1.3.1　開発企業内での進め方

特定の企業内で感性工学的商品開発を行う場合では，開発部隊（R&D）が感性工学を導入し実行すればよい。ただし，見よう見真似では失敗することが多いので，最初だけは専門家からじかに指導を受けることを勧める。ノウハウを身につけることが必要である。自社内での感性工学の進め方は，図 1.5 を参考にするとよい。

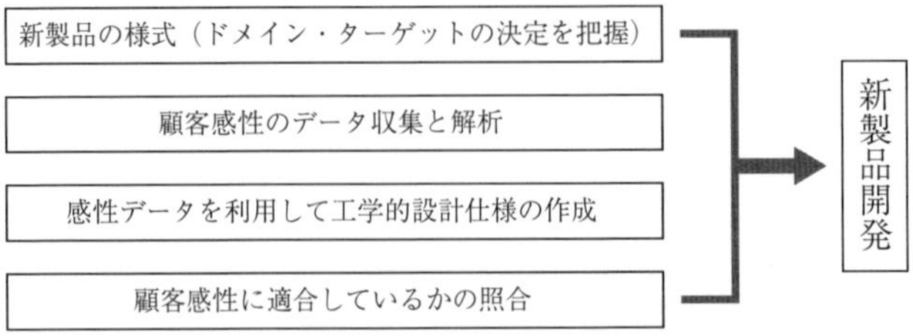

図 1.5　感性工学による新製品開発手順

1.1.3.2　自社とコンサルタントの共同作業

仮に自社内に感性工学の知識がない場合，感性工学の経験のあるコンサルタントに指導を依頼するとよい。

1.1.3.3　Open Innovation（オープンイノベーション）のスタイル

長町は株式会社感性デザイン研究所を運営しており，海外を含めて開発指導の依頼を受けることがある。その際に，

1）　依頼側と指導引き受け側とが深いレベルまで話し合い，理解を共通にする。
2）　依頼側の意図を十分に理解し，それが 100％実現するための道筋をつける。
3）　コンサルタント側はその要望が成功するよう感性工学手法の必要とされる技術とノウハウを提供し，依頼側の製品作成技術と共同で開発を成功させる。

このスタイルを，Open Innovation という。長町は，国際的な広がりのなかで 30 社を超える Open Innovation をこれまでに進め，80 種類を超える新製品開発に成功している。成功するコツは，双方が自社側にある優れた技術を相手側に提供することである。つまり Collaboration—共同作業を進めることである。

1.1.4　感性工学的開発事例

長町グループはこれまで 80 種類程度の感性商品開発に成功したが，失敗例はない（表 1.1 参照）。これから実際に企業と共同開発した事例について述べる。このストーリーから多くのことを学んでほしい。

表 1.1　感性工学利用で成功した新製品開発（IKD 社＋長町グループ）

開発年	企業名	商品名
1974	西日本内装センター	ハウスリビングシステム
1979	シャープ	新型冷蔵庫（多数の引き出し），チルドルーム
1980	シャープ	液晶カメラ（Liquid Crystal Viewcam）
1980	花王	ボデイーシャンプ（Biore-U）
1984	マツダ	ペルソナ
1985-87	マツダ	ユーノスロードスター（Miata, MX5）
1985	松下電工	ツインランプ（Twin Lamp）

<table>
<tr><td>1992</td><td>ワコール</td><td>ブラジャー（Good-Up Bra）</td></tr>
<tr><td>1992</td><td>コマツ</td><td>ショベルカー アヴァンセ 45t（グッドデザイン賞）</td></tr>
<tr><td>1993</td><td>コマツ</td><td>ショベルカー アヴァンセ 200t（グッドデザイン賞）</td></tr>
<tr><td>1993</td><td>ワコール</td><td>ブラジャー（Good-Up Bra-2nd ）</td></tr>
<tr><td>1995</td><td>つむら</td><td>入浴剤（Cool）</td></tr>
<tr><td>1995</td><td>Hyundai（Korea）</td><td>ソナタ－2（Compact car）</td></tr>
<tr><td>1996</td><td>LG（Korea）</td><td>食器洗浄機</td></tr>
<tr><td>1996</td><td>松下電工</td><td>屋根瓦
樋（とい）
壁面デザイン（Siding）
外扉
バスタブ，階段
洗面台，クローゼット
床暖房システム</td></tr>
<tr><td>1996</td><td>パナソニック</td><td>キッチン設計（人工知能　AI+VR），
新型シェーバー（Smooser）</td></tr>
<tr><td>2000</td><td>YKKap</td><td>玄関ドア</td></tr>
<tr><td>2000</td><td>パナソニック</td><td>椅子シャワー（The Shower）</td></tr>
<tr><td>2002</td><td>Mizuno</td><td>ゴルフドライバー</td></tr>
<tr><td>2003</td><td>ミルボン（Milbon）</td><td>シャンプー & ヘアトリートメント（Zeesse’s）</td></tr>
<tr><td>2003</td><td>ツムラ</td><td>入浴剤（Cool）</td></tr>
<tr><td>2003</td><td>ミズノ</td><td>ゴルフドライバー（Intage X3）</td></tr>
<tr><td>2003</td><td>松下電工</td><td>新トイレ（TRES）</td></tr>
<tr><td>2005</td><td>Johnson & Johnson（USA）</td><td>化粧品（Neutrogena）</td></tr>
<tr><td>2008</td><td>Boeing（USA）</td><td>Boeing 787 interior design</td></tr>
<tr><td>2008</td><td>パナソニック電工</td><td>褥瘡予防マットレス</td></tr>
<tr><td>2010</td><td>P&G（USA）</td><td>子供用おしめ（Pampers）</td></tr>
<tr><td>2012</td><td>南高梅（協同組合）</td><td>梅ジェリー（Activo）</td></tr>
<tr><td>2015</td><td>ドリームベッド</td><td>Spring bed（サータ）</td></tr>
<tr><td>2015</td><td>VF Lee（USA）</td><td>Lee Riders Jeans</td></tr>
<tr><td>2017</td><td>ナース社</td><td>新ランドセル</td></tr>
<tr><td>2018</td><td>IKD</td><td>エルゴサイクル（認知症予防ゲーム）</td></tr>
<tr><td>2019</td><td>IKD-Kajioka</td><td>観光アプリ AI</td></tr>
<tr><td>2020</td><td>三菱ケミカル</td><td>女性用ゴルフクラブ（シャフト）</td></tr>
<tr><td colspan="3">人工知能分野</td></tr>
<tr><td colspan="3">ブランド名称システム（WIDIAS-III）（1993）</td></tr>
<tr><td colspan="3">キッチンデザイン自動システム（ViVASystem）―パナソニック（1997）</td></tr>
<tr><td colspan="3">ハンドル自動設計―日産自動車（1997）</td></tr>
<tr><td colspan="3">自動車室内自動設計（GAVDSYS）―いすず（1996）</td></tr>
<tr><td colspan="3">マンション室内自動設計―宇部ハウス</td></tr>
<tr><td colspan="3">住宅自動設計システム（Housmall）―関西電力（1999）</td></tr>
</table>

庭園自動設計システム―カジオカ LA（2018）
商品自動発注システム―オムロン
エルゴサイクル認知症防止ゲーム（2018）
観光 AI アプリ（2019）

1.1.4.1　日産自動車「シーマ」の改良作業

ミシガン大学交通研究所の人間工学グループとしてデトロイトに勤務している間に，ゼネラル・モーターズ（GM）やフォード（Ford）と共同研究や指導のため頻繁に交流をしていた関係で，アメリカの自動車関連の先端的な法律・技術ともに身体で吸収していったし，逆にこちらが指導する面も多かった。1 年の滞在でアメリカのレベルを超えることができたので，翌年の秋に帰国した。帰国直後に，経済産業省から，日本車をアメリカにもっと輸出するための研究会を大手町の日本自動車会館で協議するので出席してほしいとの依頼が入った。

長町は最新のアメリカ自動車の基準などの法的知識を提供し，サルからマネキンに変えての衝突実験の仕方などを披露した。メンバーに自動車メーカーからの出席者がいて，以前から交流のあった日産自動車の技術者に個別の指導を依頼された。それが高級車シーマの改良依頼であった。

早速広島に帰り，レンタカー企業から 20 台の中型・大型自動車を集めて，大学の広場に並べた。45 名の大学生に実物の感性評価方法について実習した後に，評価票を持たせ 20 台を評価させた。その統計分析からシーマに，①外形のスタイル，②ボディのカラー，③バックのデザイン，に問題があることが判明した。手元のデザインデータベースを参考にして，車体天井に高級感が出るようにアールを持たせ，ボディカラーを白色にし（高級感と広がり），後部をやや丸みを持たせ，後部制動灯を四角形の右側を斜めに削った上品なデザインに変え，ボディ関係は日産自動車の担当者に，そして後部のランプ形状は一光の担当者に提案した。その結果が図 1.6 の下側の“シーマ”である。格段に高級感が高まり，日産自動車の看板車に生まれ変わった。

すべての新聞がこれを取り上げ褒めたたえてくれた。特に日本経済新聞は「見返り美人」に生まれ変わったと評した。そして，日本車ばかりか，海外の車のほとんどが後部デザインの真似をし始め，これを同紙は「シーマ現象」と評した。もちろん販売数は格段に上昇した。デザインを利用者の感性に合わせて「高

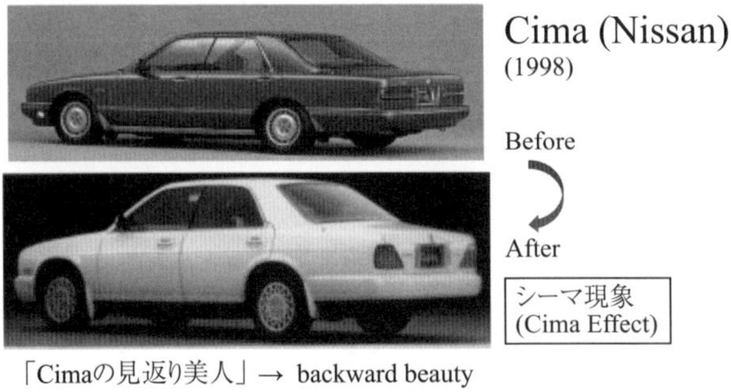

図 1.6　旧シーマ（上）と改良シーマ（下）の違い

級感」を表に強く表現したことで歓迎されたのだ。

1.1.4.2　マツダ，ユーノスロードスターの開発

1983 年のある日，マツダの山本健一社長から電話が入った。マツダの本社まで車ですぐ駆けつけた。「感性工学で次車の開発を指導してほしい」とのご依頼であった。もちろん「させていただきます」と返事を返し，開発担当者およびほかの関係者を集めて社内で「感性工学と車の開発」と題して講演会を開催した。それ以降何も相談がないので忘れていたが，1 年ほど後に，開発担当者から「新車ができたので見て評価してほしい」との連絡があり，すぐに本社の展示会場に出かけた。担当者に案内されて新車の外部を観察し，ドアを開いて内部を観察後，「これは売れませんね」と一言述べて社長にも報告せずに大学に帰った。“インテリアイズム”，“走る応接間”という素晴らしいコンセプトであったが，それは表現されていたが，顧客に振り向いていなかった。新車は 1 年もせずに製造中止となった。

その年のある日，山本健一社長から再び呼び出しがあり，本社を訪問した。鈴木専務と同席で，「この度は失敗した，今度は十分に指導してくれ」と依頼され，次期商品コンセプトについての談話で，「今度は若者向きのスポーツカー」といわれた。この瞬間に次期商品の購入対象と商品アイテムが決定したことになる。今度は失敗させてはならない。開発グループを集めて，“なぜ感性工学を利用すると売れる商品になるか”の講演と，社長の狙いを実現するために，①社内の 20 代の若者に運転させて，それを隣の座席から録画機で撮影し，若者の運転ぶ

りを分析すること，また②交差点に録画機を持って立ち，若者らしい車が来ると録画機を回し，彼の “maneuvering”（運転動作）を記録すること，③それらの録画から若者の運転の特徴をつかむこと，を指導した。

その後，このスポーツカーの開発は横浜研究所が中心であったことから，数回研究所を訪問し，直接に研究内容に関与したこともある。アクセルを踏んだ直後に急発進したり，発進時の爆発音，車体全体のデザインなど，すべてを若者好みの様式に誘導し，感性工学が十分に検討され取り入れられている。日本より早く海外で発売され，圧倒的な速さで世界中に普及した。特にアメリカでは，若者より 40 代のシングルに評判になるなど，予想もしない普及の仕方を展開していった。世界中で，ユーノスロードスター（MX5）が感性工学から誕生した製品として知らない者はいない。今の MX5 は第 4 世代となり，先日ヨーロッパで第 1 世代車が復活発売され，瞬く間に売れていった。

図 1.7　マツダ ユーノスロードスター（MX5）

1.1.5　感性工学で新製品開発を成功させる要因

新製品開発を成功させるにはいろいろな手法がある。ただし，感性工学を活用するとほとんどの場合成功する。長町とそのグループの体験では 100％成功する，失敗がない，といってよい。なぜならば，使用者と予想される人々の感性を確実に把握しているからだ。開発に失敗する多くの例で，自分たちが生み出した技術なら確実に売れる，という思い上がりがある。

感性工学は，これから世に出す商品の必要性を考察し，それを活用してくれる人たちを想像しながら，そしてそれらの人々の気持ちを分析し，その感性を道具の形や色彩などのあらゆる部分に投影するようにデザインするものである。感性工学を体験していない人でも，優れた商品を世に送り出すことができる人がいる。そういう人は何も統計解析の手法を知らなくても，世の中の人々が喜ぶ商品を開発することができる。それは世の中の動向や人々の要求を感じ取れる人だからである。

1978 年にシャープのデザイナー部門のトップである取締役が広島までお越しになり，シャープで感性工学を導入するサポートをしてほしい，と依頼された。大阪で講演会を開いたが，全国から集まった 300 人のデザイナーは 1 回の講演会では理解できないと訴えた。そこで取締役に何かの開発実例で試しで作り，それを指導することで理解していただくような機会を作ることを提案した。

ところが，シャープ側から出された提案は，当時の 2 ドア型の冷蔵庫の代わりの新製品を考案してほしい，と逆に私を困らせた。なぜなら，私は冷蔵庫など仕組みも知らない。

そこで 1 案を考えたのは，私自身にも研究の場面になるように，20 軒のモニターの自宅へ訪問し，当時の 2 ドア型冷蔵庫の前に録画機を置き料理時間いっぱいにその主婦の冷蔵庫の使い方を撮影した。これには背景があり，労働省から依頼された，職場のいろいろな作業姿勢でなにがどれほどのカロリーを消費するかの研究を済ませていたころで，2 ドアの下側のドアを開けるより上側ドアを開けるほうが立ち姿勢なので楽だという予想がついていた。今回の調査によると，下側ドアの開閉が調理時間の 80%であった。このデータを技術グループに見せて，頻繁に使用する食材を上部に，そう頻繁でないものを下部に収容し，上下温度管理の異なる新商品を考案した。これで主婦の立作業も楽になり，食品の収納管理も楽になるという，二重の利得を実現した。また，魚・肉類を保管するとうま味が増す“チルドルーム”も特許申請に加えた。

この冷蔵庫でシャープは特許を取得した。他社は特許使用をシャープに申し込んだが，長町の意見も考慮し，当分の間，他社冷蔵庫もシャープ内で製造することになり，シャープは日本一の冷蔵庫メーカーになった。

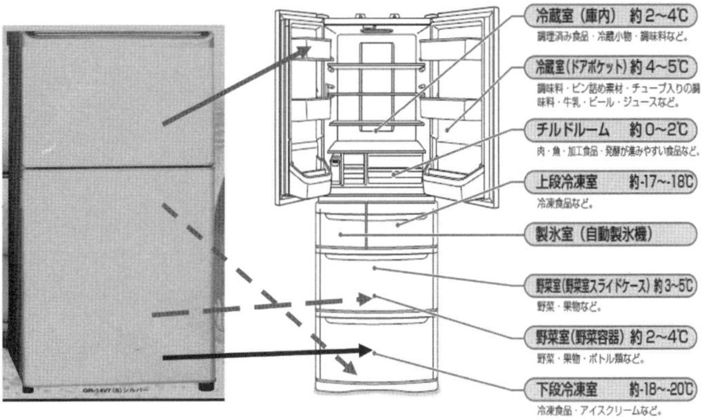

図 1.8　旧型 2 ドアの冷蔵庫と新製品の冷蔵庫—上部から下部まで異なる温度管理

1.1.6　感性工学はパワフル

これからも感性工学はとても有力である。企業内で感性工学を勉強して，自社に考え方を取り入れ新製品開発を進めるか，あるいは感性工学に強い指導をしてくれる機関と手を結び，互いの強みを結合するやり方（オープンイノベーション方式）も，マーケット側を喜ばせる手法である。

1.2　感性工学と AI システムの類似性

感性工学は消費者の感性をベースに使用し道具のデザインを決定する手法であり，感性工学手法の構造が AI のそれとよく似通っていることを示す。感性工学では消費者が抱いているニーズや感性情報から求められているデザイン要素を予測し，その関係を設計のデータベースとして活用する。AI システムもデザインデータベースやその他の情報を利用して推論機構を通じてデザインを作る。この構成は両者ともとても似通っている。したがって，感性工学を理解すれば AI システムを作成しやすい。あとは，AI をどの仕組みのシステム設計を利用して構築するかの課題になる。

1.2.1 感性工学の構築

筆者らは，まず感性ワードにどんなものがあるかの探索から始め，ワードのまとまり（因子）探索を調べ，それをデザインに結合する手法に苦労し，初めは数量化理論を徹底的に活用した。ミシガン大学から帰国して最初に手掛けたのは，日産自動車から依頼があった「シーマ」の分析であり，20 台の車を大学の校庭に並べた。学生 45 名は感性調査票を手に車の外部デザインの評価を実施した。その結果判明したのは「シーマ」に高級感が低いという判定であった。そこで感性デザインのデータベースをチェックし，外形，ボディの色彩，特に評価が悪かった後部制動灯まわりに力を入れて，デザインの変更を日産自動車に提案した話は，すでに述べた。

1.2.2 最新の感性工学手法

筆者らは 20 ～ 30 年かけて感性工学の開発を進め，苦労の結果現時点では下記のような手法で商品開発に成功している。

1.2.2.1 感性の抽出

感性をデザインに取り込むための最初の作業は，消費者が当該の商品に関してどのような希望なり感性を持っているかの調査を実施することである。この商品の種類とそれを利用する対象群が限定される場合が多いことから，対象感性はある程度限定される。通常は関係する雑誌などからできるだけ多くの感性を抽出し，それらを概念ごとに分類する。その結果を多くの被験者を通じて調査し，因子分析にかけ感性のグループ化を行う。何種類かの開発の経験を積むと慣れるので，困難な作業ではなくなる [13][14]。

1.2.2.2 類似商品の収集

次の作業として，対象商品の類似品を集める。できるだけ異なったメーカーから，幅広く収集する。筆者らは依頼企業の目的を最初にヒアリングしてそれを含む商品を集めるか，あるいは当該企業の意図を含む形式で類似品を作成することを，心掛けている。

1.2.2.3　感性調査の実施

感性調査の結果から主要な感性だけを抽出し，それらを5段階または7尺度に構成する。次に数十人の該当被験者を依頼し，企業作成商品あるいは市場から収集した商品に対して感性調査を実施する。この点については筆者らはOsgood [2]の反対語の形式ではなく，長年の経験から否定語を使用する。たとえば「美しい―美しくない」といった形式である（理由：Osgood方式では「美しい―美しくない」の形式となり，「美しくない」デザインを作成する必要がない）[6]。

1.2.2.4　データの分析

データ分析ではJMP（SAS）のソフトを利用すると間違いなく最終結果までたどり着ける。何十という商品開発を体験した結果からいえることである。

1）　商品間・感性ごとの平均値差の検定。

2）　順序として初めに感性アイテムの因子分析を実施するが，統計ではすでにこれは済んでいる。

3）　主成分分析（PCA：Principal Component Analysis）

　これは感性軸に対して商品サンプルの空間位置の分布を表す分析方法であり，目指す特定の感性に最も近いサンプルの位置を発見する統計手法である。この結果で，求めようとした感性に近いサンプルが発見できる。

4）　使用したサンプルのデザインアイテム分析

　実験で使用したサンプルのデザイン特性（アイテム）を詳細に分析し，一覧表を作成する。たとえば，サイズをS，M，Lなど違いがわかるように一覧表形式で分類する。

5）　PLS（Partial Least Square）分析

　最後に，サンプルデータとそのサンプルに対する被験者の評価値をPLSで分析すると，感性ワードごとにどのデザイン項目に対して重みが強いかのPLS結果が出る。その一覧表の中で感性ワードごとに，プラスで最も大きい数値のデザイン項目が，目指すデザインスペックとなり，大きな数値のデザイン要素を拾い上げると，最終的に求める感性に最も近いデザインとなる。逆に，マイナス数値の高いデザイン要素を集めると，消費者が最も嫌うデザインとなり，これは失敗例となる。

1.2.3　商品開発が成功する手順

長年，商品開発を手掛け，数量化理論などさまざまな手順を工夫してきた結果としてこのような結論となった。成功する手順は下記のとおりである。筆者らがこれまでに感性工学手順により成功した事例は 80 種類を超える。自動車，航空機（Boeing787），ブラジャー，化粧品，トイレ，マットレス，その他多種類にわたる [16]。

表 1.2　成功する商品化手順（①〜⑩）

① Decision of strategy	⑥ Evaluation experiment
② Collection of kansei words	⑦ Analysis using statistics
③ Setting of SD scale	⑧ Interpretation of the analyzed data
④ Collection of product samples	⑨ Explanation of the data
⑤ A list of Item / Category	⑩ Collaboration of designer and KE designers

1.2.4　感性工学と AI のシステム的構造の類似性

1.2.4.1　Panasonic Kitchen AI & VR システム

建築工学科の女子学生が感性工学で卒業論文を書きたいと申し出た。本人はキッチンのデザインがしたいという。研究内容として，キッチン 100 種類のデザインサンプルの収集，主婦のライフスタイル調査の検討，主婦を集めてのキッチンデザインの感性と好み調査をするよう指示した。最初は例のごとく，デザイン用のデータベースの構築である。

主婦のライフスタイルとキッチンの感性および好みの関連性分析で，デザインデータベースが出来上がった。あとは，

1)　現有のキッチン見取り図（有効面積）

2)　主婦のライフスタイル — デザインの好み，構造・色彩等の関連性

3)　AI としての推論システムの構築

の作業で，「主婦の感性に適合する AI &VR システム」が完成した。本人はこの論文を持って Panasonic に就職し，この研究結果を基に，Panasonic 内部の技術者

の支援で，Panasonic Kitchen AI & VR システムが完成，東京新宿モノリスビル 4 階で開業した（ViVA システムという）。

従来は，顧客とデザイナー（女性）の一対一の話し合いでデザイン決定に数時間～数日の業務であったが，5 分から 10 分間の映像で 100％商談が成立する成果を生んだ。毎日 100 名を超す来訪者のうち，半数は海外の研究者であった。また，長町がミシガン大学へ出かける航空機の機内雑誌に 10 ページの紹介が掲載されたほど，世界中に話題となった [17]-[19]。

図 1.9　ViVA システムの一例

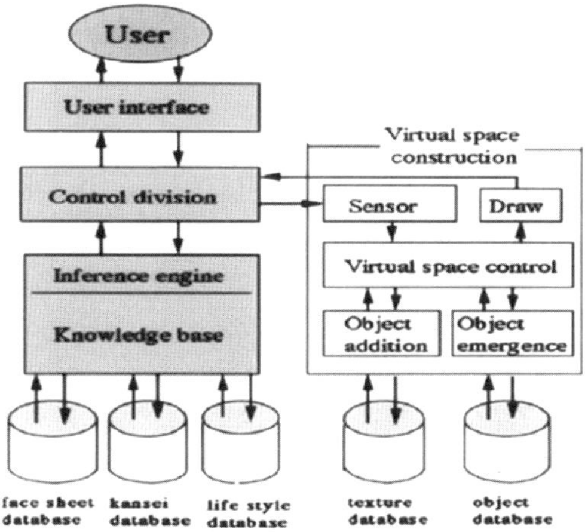

A system structure of Virtual Kansei Engineering

図 1.10　キッチン AI（左），VR（右）

1.2.4.2　まとめ

前述したように，感性工学と人工知能は構造的によく似通っている。どちらもデータベースをぶら下げた推論機構の機能により結果を表示する機構である [20]。あとは学習機能などを含めて，どのタイプの AI システムを利用するかの問題である。

Panasonic はその後この成功を基礎に，小型 VR 装置を開発し，現在都市計画デザイン分野へ進んでいる。

参考文献

[1] 栄久庵憲司：インダストリアルデザインが面白い , 河出書房新社 , 2007.

[2] 大島正光：情緒工学 , 人間工学 , Vol.8, No.5, pp.207-213, 1972.

[3] Kenichi Yamamoto：“KANSEI” ENGINEERING, The Art of Automotive Development, Lecture Note at the University of Michigan, Oct 23, 1986.

[4] 長町三生：感性工学 — 感性をデザインに生かすテクノロジー , 海文堂出版 , 1989.

[5] 長町三生（編）：感性商品学 — 感性工学の基礎と応用 , 海文堂出版 , 1993.

[6] 長町三生（編）：商品開発と感性 , 海文堂出版 , 2005.

[7] 長町三生：感性イノベーション — 感性をビジネスに活かす , 海文堂出版 , 2014.

[8] Lokman, A.M. and Nagamachi, M.：Kansei Engineering: A Beginners Perspective, Universiti Teknologi Mara Press, 2020.

[9] Nagamachi, M. and Lokman, A.M.：Kansei/Affective Engineering, CRC Press, 2010.

[10] Nagamachi, M. and Lokman, A.M.：Innovation of Kansei Engineering, CRC, Press, 2015.

[11] Fu Guo, Qing-Xing Qu, Mitsuo Nagamachi, Vincent G. Dufty：A proposal of the event-related potential method to effectively identify kansei words for assessing product design features in kansei engineering research, International Journal of Industrial Ergonomics, Vol.76, pp.1-10, 2020.

[12] Osgood, C.E.：The cross-cultural generality of visual-verbal synesthetic tendencies, Behavioral Science, Vol.5, pp.146-169, 1960.

[13] 長町三生：感性工学のおはなし , 日本規格協会 , 1995.

[14] 長町三生（編）：商品開発と感性 , 海文堂出版 , 2005.

[15] Osgood, C.E., Suci, G.J. and Tannenbaum, P.H.：The Measurement of Meaning, University of Illinois Press, 1957.

[16] Nagamachi, M.：Successful points of kansei product development, 7th International Conference on Kansei Engineering and Emotion Research, KEER 2018, Kuching, Malaysia, 2018.

[17] Enomoto, N., Nomura, J., Sawada, K., Imamura, K., Nagamachi, M.：Kitchen planning system using kansei VR, Symbiosis of Human and Artifact, Vol.20, pp.185-190, 1995.

[18] 石原茂和 , 長町三生：人工知能と人間工学への応用 , 人間工学 , Vol.30, No.6, pp.359-365, 1994.

[19] Matsubara,Y. and Nagamachi, M.：Kansei virtual reality technology and evaluation on kitchen design, Manufacturing Agility and Hybrid Automation - I, pp.81-84, 1996.

[20] Yang, S., Nagamachi, M., Lee, S.：Rule-based inference model for the Kansei Engineering System, International Journal of Industrial Ergonomics, Vol.24, pp.459-471, 1999.

第 2 章　感性工学の仕組みと成功へのポイント

2.1　感性工学のわかりやすい仕組み

筆者らが感性工学による新製品開発に従事して，約 50 年が過ぎる。この間いろいろな手法を考案し改善してきた。今では一定の手順で開発を進めており，誰でも新製品開発に成功する手段について解説する。

2.1.1　特性要因図活用法

新製品を開発しても顧客が購入してくれなければ意味がない。顧客が購入してくれるとは，顧客が新製品を気に入ってくれて使用したいと思ってくれることが前提になる。感性工学は User orientation（顧客志向）の立場に立って商品を開発する技術である。簡単にいえば，顧客（市場）の気持ちや好みを探り，その要点と工学技術やデザインとを結合させる手段が感性工学である。この結合のために，進歩した工学的技術と感性の詳細な調査の両者がそろっていることが，成功の条件になる。感性内容が判明すれば，それによってより顧客満足寄りの技術やデザインを工夫することもできる。

2.1.1.1　感性調査の進め方

人間は長い生活の中で，家族や教育や環境などの影響で感受性の寄りどころ（Reference）を身につける。それに個々の性格が彩りを与える。感性工学では，最初に多くの人々の中の感性の共通点を探る。

筆者らは，最初に特定の業界雑誌を入手し，最初のページから最後のページまで該当する分野の商品について評論されている記事の中から感性ワードを拾い出し，それから選別した後のまとまった感性語を使用して，改めて似通った商品群を利用して感性の特徴をつかまえる。

1) 感性というのは，外観では美しい，若々しい，可愛いなど，形では高級感，軽そうなど，手触り感では，つるつる，ざらざらとか，食べ物ならおいしい，柔らかいなど，狙いとしている新商品の特性を十分に表現するような感覚用語のことである。必要であれば，文献 [1] の末尾に感性ワード 200 集があるので，その中から選択すればよい。
2) 選択した 10 ～ 20 個の感性ワードをリッカート法の 5 段階ないし 7 段階尺度の形式で，被験者が感じた程度をチェックする評価表を用意する。
3) この時点では新商品ができていないので，同じ商品群から数個を選び，もしくは予想される新製品の候補をその中に入れてもよい。
4) 数十名の被験者を集めて，準備した仮の商品群の評価をしてもらう。
5) 評価した結果を統計解析にかけて分析する。①因子分析にかけて，どのような感性ワードが何番目の因子に固まっているか，②主成分分析にかけてどのワードがどの商品に近い関係を持っているか，③PLS にかけて，どの感性ワードがどの商品デザインアイテム（商品の特性）に近いかを解釈して，目的の感性を実現できるデザインアイテムをデザインに利用する。

これで，新製品が出来上がる（詳細は参考文献 [1]，3.2 感性工学タイプ A の事例を参照)。

ここで，狙いを決めた「感性」を PLS にかけてデザイン側のアイテムが見事に決まる。これをデザインとして決定すると，マーケット側から歓迎され売れる商品となる。

実例の詳細な紹介ができないので，P & G の子供用おむつの実例を簡単に紹介する。数名の母親を被験者として P & G のパンパースの改良型開発をかなり前に実施した。母親から「何回かのオシッコが可能で，かつ子供も嫌がらないようにできないか」という感性（要望）をかぎとり，この方が母親としても楽であり，この感性を含めて PLS でデザイン特性の解析を行った。感性ワードの中の「オシッコ」を 1 回，2 回，3 回 ... と変数にして，デザイン側を吸収性の物理的特性の変数として，PLS 計算にかけた。この結果吸収性と「嫌がらない回数条件」が決まり，子供が何回かオシッコをしても快適な改良型パンパースが完成した。実際には，かなりの数の感性ワードの中に「オシッコの数」を変数として含め，デザインアイテムも「重さ」など多くを変数として，全体を PLS にかけて計算をした。

PLS 計算は便利がよくて，各感性ワードごとに PLS 結果をプラス，マイナスの方向性をつけて算出してくれる。大きな「+」数値はデザインとして“採用可”，大きな「-」数値は“絶対にデザインとして採用してはならない”のである。統計解析とは甚だ便利であり，特に PLS は活用すべき“優れもの”である。

統計解析の手順は次のとおりである。

感性調査：何種類かの感性ワードの抽出
1. 調査に使用するサンプルの選択
2. (1) の感性を用いた実物の評価実験
3. 因子分析 — 実験結果の類似した感性のグループ化
4. サンプル商品のデザインアイテム分類
5. 主成分分析 — 感性とサンプルの近似分析
6. PLS 分析 — 求める感性に近いデザイン要素の探求
7. 感性ワードに寄与する工学側のデザインアイテムの抽出
8. デザイナーとの新製品共同開発
9. 新製品の検証

2.1.1.2　特性要因図を活用する新商品開発の進め方

感性ワードの選出から PLS の統計解析までの手順が複雑に思える方には，日本人に慣れた「特性要因図」活用の新商品開発の手順を紹介する。

特性要因図（またの名称を魚の骨図ともいう）は日本では品質管理によく使用されており，日本企業では馴染みがある。ブレーンストーミング（自由に意見を出す方式）で，背骨（大項目）の先（＝目的）に「新製品」を置き，中骨に中程度のコンセプトを決定し，それぞれの中骨のコンセプトを説明できるより具体的なアイデアを小骨に書き込む。実例として梅ジェリーを開発した実施例を以下に説明する。

この実例は，南部梅協同組合からの依頼により「健康によい梅ジェリー」の飲み物新製品を，和歌山県のサポートにより成功させた実例である。

1)　新製品の目標：健康飲み物として発売する梅ジェリー（ビタミン等を含む)。梅は当地の名物，“南高うめ”を原料とする。

2)　効用：梅の酢酸とビタミン類の効用で夏バテを防ぎ元気を維持する飲み物。

3)　この効用を実現するために，感性工学手法を活用して開発する。南部梅協同組合員 24 名が協力する。

参加者が初めてのため，特性要因図を彼らにやりやすく変更した。大骨の目標が「健康によい梅ジェリー」，中骨が “喉ごし”，“元気” であり，後が小骨を示す。各数字は意見の頻度を示す。この結果の中から中骨の中で最重要項目として「喉ごしさわやか元気いっぱい」だけを取り上げ，これを目標商品として小骨を張りつけたのが，図 2.2 である。

図 2.2 の小骨アイデアで頻度の高い項目を選出し，これらを材料にジェリー内容物の酢酸およびビタミン類の選別と投入する量の候補を決定した。

酢酸・ビタミン類の投入組み合わせを 5 通り用意してサンプルを作成し，組合員で試飲テストを実施し，それを参加者で前出の感性ワードで評価し，結果の統計検定を行い，最終的に最終商品を決定した。

4)　最後の作業：カバーデザインと商品名の決定

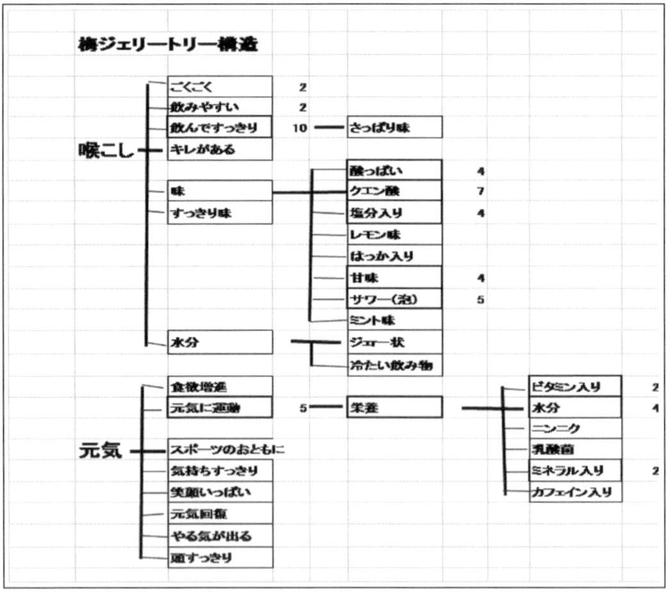

図 2.1　新製品開発のための特性要因図

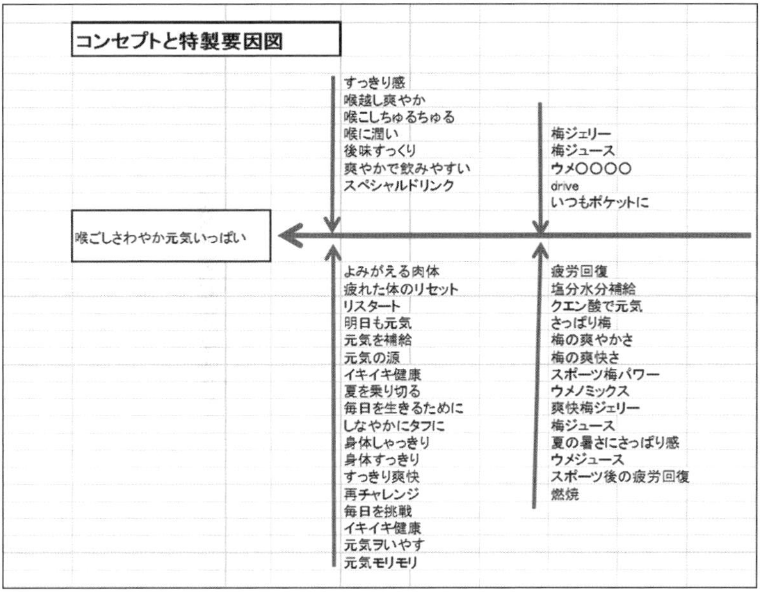

図 2.2　図 2.1 を「喉ごし爽やか元気いっぱい」に集約した（左が魚の頭＝目標）

商品候補が決定したので，最後の作業は商品のカバーデザインと商品ブランド名の決定である。カバーデザインは新商品のコンセプトをデザイナーに説明していくつかの候補を提出してもらい組合員で 1 つに絞った。ブランド名に関しては，長町が開発した「ブランド名決定 AI システム」を組合員全員で最終的に使用して決定した。

「ブランド名決定 AI システム（Brand Decision AI System）」とは新商品の機能目的を音声で的確に表現できる人工知能のことであり広島大学長町研究室で開発したもので，新商品ブランド名の提案でよく活躍してきた。

最終的に人工知能がブランド名候補の感性を判定した結果を参考に，長町が決定し，組合員全員の賛同を得た。

ブランド名はメキシコ語の「Activo（アクティーボ）＜元気になるという言葉＞」であり，発音すると，力強く身体から元気が出てきそうな名称である。新商品は順調に売れていると聞く。

Activo

健康になる
元気が出る
やる気が出る
活発な行動
早くやる
確実にやる
確実にやる
効率よくやる
気持ちが積極的

図 2.3　新商品梅ジェリー「アクティーボ」。
図右の語は AI システムが判定した感性

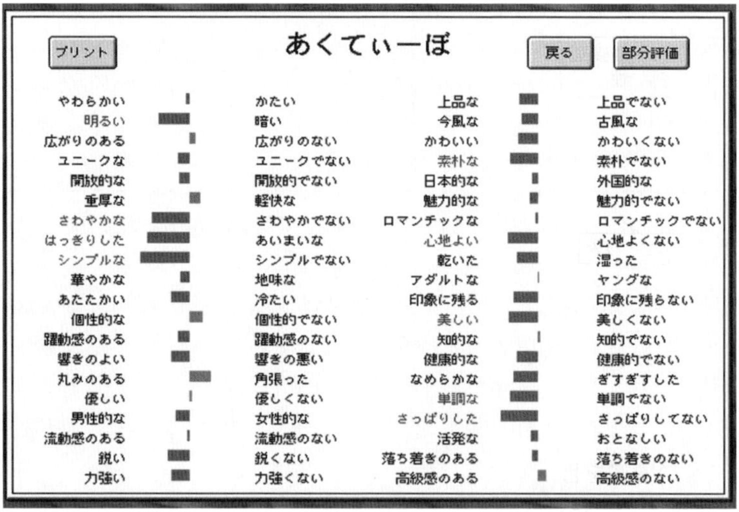

図 2.4　AI システムが判定した新ブランド名の発音から
感じる“感性”。棒は人間が感じる程度

2.1.2　統計手法で成功する方法

前項では，日本人にとって QC サークルの議論などで馴染みのある「特性要因図」作成活動の実例を取り上げた。この議論の仕方は，日本人にとって馴染みのあるやり方なので，実行しやすい。感性工学は 1970 年から始まり最近まで，「誰でも新製品開発業務で失敗をしない手順」を検討してきた。

それには統計解析手法の活用がよい。これまで数量化理論 I 類を中心に検討してきたが，長い間の研究でよいソフトも出来上がり，統計手法の JMP（ジャンプ，SAS によって開発された統計ソフト）[4] を利用して解析することで，確実に成功する手法にたどり着いた。

確実に成功する統計手法

「感性工学（Kansei Engineering）」とは，顧客あるいは顧客の感性をデザインに取り込んで，顧客に喜ばれる商品を開発する技術である。人々がこころに抱く感性を調査し，その感性をデザインのすべての要素に取り込む作業をする。このプロセスを図 2.5 に示す。

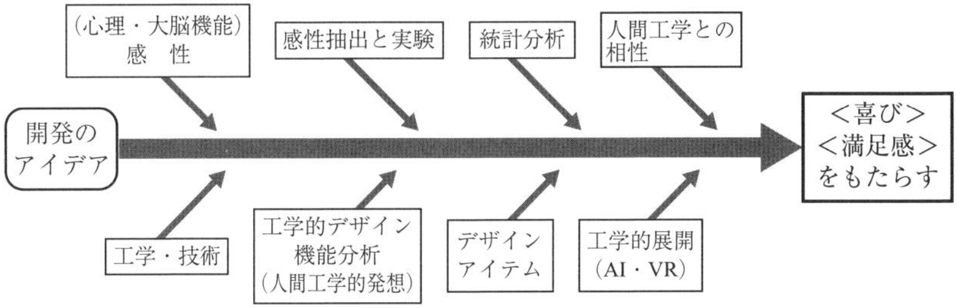

図 2.5　成功する感性工学の開発プロセス

(1)　統計解析の進め方

まず，開発のアイデアを企業内でしっかりと議論して決定する。簡単にいえば，どのタイプの顧客を目当てに，どんな機能を持つ商品を開発するか，前者をターゲットといい，後者を商品ドメインという。この点がしっかりと議論され，決定されていないと失敗する。

次に，図 2.5 の上段と下段とを順に解説する。まずターゲットの人たちの，これから開発しようとする新商品に期待する感性（思い）の言葉を収集する。数人の消費者を集め新商品の概要を説明して意見を求める。その発言の中から感性に関連する言葉を収集する。集団討議のような形式で自由に発言させたり，“カード法”といって，各自 10 枚程度のカードを持たせ，それに記入させて，その一覧表を作成し，同じ意味の言葉をグループ化する方法がよい。筆者らがよく使う手法は，たとえば車であれば，最も新しい車関係の雑誌を数冊集め，最初のページから最後のページまで「新しい概念の車に関する感性ワード」をすべて拾い出して記入し，その中で最も多く出現したワード数十個を，テスト用の感性ワードとする。たとえば，モータマガジンなどはよい情報が集められる材料である。

(2) 統計解析

1. 因子分析（Factor Analysis）

(1) での作業で集めた，これからの新開発商品に対する思いや期待する感性の言葉を因子分析にかけると，似た者同士のワード（これを因子という）が，いくつかのグループに分かれる。これを感性ワードの因子構造という。たとえば「きれい」「美しい」「魅力的」が一つのグループに固まり，因子を構成する。また「高級感」「進歩的」「価格が高そう」が第3群の因子になったとする。これらの3つの因子の中で最初に算出された“第1因子”が最も強い意味を持っているので，感性として，第1因子からいくつかの感性ワードを取り上げる(新製品の特長に合わせてその特性に最も近い感性ワード因子得点に因子の中で最高点であるものを，第1群の感性として残す)。第2群の因子，第3群の因子 ... という順に意味が弱くなるので，第3群以降は高い因子得点でなくてもよく，皆が意図する感性に近いワードでなければ，使用しなくてもよい。

このように，第1因子からいくつか，第2因子からいくつか，第3因子からいくつかと，因子得点の高い順に（あるいは新製品の意味合いに近い）感性ワードを取り上げる。こうして新製品に関連する“感性ワードリスト”が出来上がる。

2. 主成分分析（Principal Component Analysis）

次に，サンプルとして選んだ仮の商品群のサンプルと，因子分析で取り上げた感性との関係を調べる。JMP の主成分分析に両者のデータを入れて分析をすると，仮の商品のどれにどの感性ワードが近いかをチェックする。この結果からでも，取り上げたい感性に近い商品がどのようなデザイン特性を持っているかが理解できる。

3. PLS （Partial Least Squares Regression）

この分析が最重要分析であり，取り上げた感性がデザインのどの仕組み（工学的もしくはデザイン的要素，これをデザインアイテムという）と強い関係を持つか，もしくは弱い関係を持つかを明示してくれる。ここでプラスの高い得点項目だけを選び，それらを工学的に改良（デザイン）する。

4. 人間工学的視点からの考察

デザインのすべての構成がわかったところで，最後に人間工学的視点に立って，消費者（もしくは人間）の立場から使いやすいものになっているかの観点から，デザイン全体を考察し，改良できるものは改良する。この時点で，人間工学的視点を持てないと，感性工学的デザインが成功しない重要なポイントである。また，ここまで到達すれば，AI の知識がある人であれば，人工知能システムが構築できる。この段階では，感性工学の開発者と当該企業のデザイナーとが詳しく議論を重ねて，デザインアイテムを詳細に決定することが望まれる。つまりデザイン専門家と感性工学技術者との共同作業が，消費者を喜ばせる最終結論が生まれる作業となる。

価格設定も重要な要素であり，価格に関しては感性ワードの一項目として取り上げ，またデザインアイテムに絡ませて高価格 — 低価格に相当するデザインアイテムの要因を取り込んで，PLS 計算を済ませることが望ましい。そうしておけば，最終デザイン決定にも価格が反映される。

2.2　成功した開発事例

2.2.1　<実例 1> ジーンズ開発

統計を使用したわかりやすい事例を報告する。ジーンズで著名な米国企業からの依頼開発である。最初に，デザイナーグループに新ジーンズ開発のためにデザインシンキング手法でコンセプト議論を開始，グループに分かれ各新しい発想に当てはまるデザインをそれぞれが設計し，それらに対して，①見たときの感性，②手で触ったときの感性，③試着したときの感性，を求め，最後に PLS 解析結果を利用して最終商品を開発した。

コンセプトは「夏でも暑くなく自転車が漕ぎやすいジーンズ」である。第 1 段階として，デザイナー全員に新しいコンセプトの概念を説明し，2 人 1 組となり 5 グループに分かれて，新しいコンセプトのジーンズを設計させた（図 2.6）。図の中の 1 種類は他メーカーの商品である。

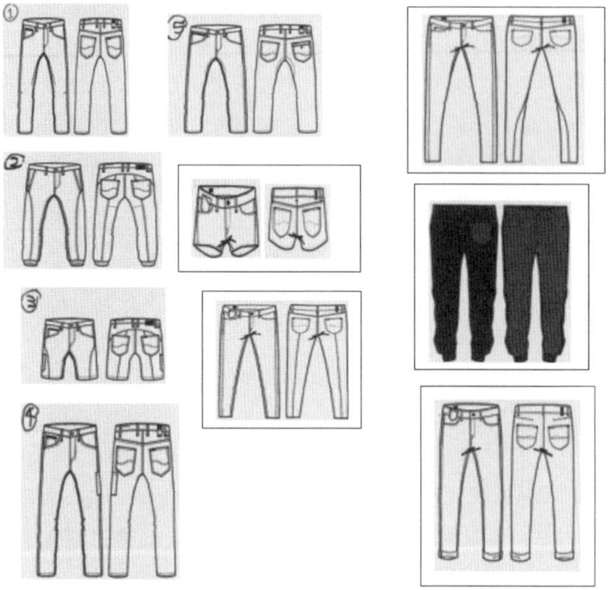

図 2.6　2 人 1 組となり各組の考え方でコンセプトデザインを描く

第 2 段階として，全員に，①商品を見たときの感性（Looking），②商品を手で触ったときの感性（Touching），③商品を試着したときの感性（Wearing），の 3 種類の感性ワードをデザインシンキングの手法を利用して案出させた。目的の最終商品を頭で描きながら，ペアで 3 項目それぞれの感性を取り込んだデザインを工夫し完成させた。それらを図 2.6 に掲載している。これらの仮商品を実験で使用するために，S，M，L，LL の 4 種類のサイズのものを縫製した。

最も重要な段階として，仮に制作した見本のデザインを詳細に分析・分類して，各商品のデザインアイテム表を作成する。第 3 段階目は，各段階の感性評価実験になる。

香港の B デザイン専門大学の学生 80 人（男女）を募集し，研究の意図を説明した後，待機している部屋の隣室に 5 名ずつ誘導し，最初に各自サイズを決めた後，①外観を見たときの感性（Looking），②両手で品物を触ったときの感性（Touching），③試着したときの感性（Wearing）を，感性評価用紙にチェックしてもらった。その結果を統計解析で分析した。

(1) 因子分析 (Factor analysis)

①商品を見たときの感性 (Looking), ②商品を手で触ったときの感性 (Touching), ③選んだ商品を試着したときの感性 (Wearing), の3項目に分けて因子分析を行った。その結果, 感性同士の間で類似した意味を持つものが因子としてまとまる。この場合, 第1因子が最も重要であり, 同じ因子の中でも因子負荷量が高いものが, 取り上げられる感性である。

〈First Stage〉

Please pick up one sample, look at it. Then select □ appropriate to your feeling and check it by ✓. Please continue this evaluation to all keywords with all samples.

Name (　　　　　　), Male or Femail, Sample No.(　　　)

1 Attractive	□ □ □ □ □ □ □	not attractive
2 Dry	□ □ □ □ □ □ □	not dry
3 Hgh quality	□ □ □ □ □ □ □	low quality
4 Very good details	□ □ □ □ □ □ □	without details
5 Special	□ □ □ □ □ □ □	ordinary
6 Good looking	□ □ □ □ □ □ □	bad looking
7 Functional	□ □ □ □ □ □ □	not functional
8 High class	□ □ □ □ □ □ □	low class
9 Modern	□ □ □ □ □ □ □	not modern
10 Trendy	□ □ □ □ □ □ □	not trendy
11 Standout	□ □ □ □ □ □ □	not standout
12 Comfortable	□ □ □ □ □ □ □	not comfortable
13 Stylish	□ □ □ □ □ □ □	not stylish
14 Unique	□ □ □ □ □ □ □	not unique
15 Youthful	□ □ □ □ □ □ □	old
16 Manly	□ □ □ □ □ □ □	feminine
17 Refreshing	□ □ □ □ □ □ □	not refreshing
18 Light	□ □ □ □ □ □ □	heavy
19 High price	□ □ □ □ □ □ □	low price

図2.7　"Looking" での感性ワード表

(2) 主成分分析 (Principal Component Analysis)

その次に, 各感性と商品番号の間の関連性を調べるために主成分分析を実施した。結果の図の中で, 散らばった感性の位置と商品番号のグラフの近さが, その商品の感性を意味している。これらの結果から, 3つの項目別に感性とデザインの近さを見つける。

(3) PLS分析

最後が最も重要であり, PLSの計算である。これは3項目のそれぞれで, どの因子のなんという感性が最高のプラスの数値を持つかを探しだす。依頼企業との契約上の制約があり, ここでは採用する箇所のデザインアイテムをH (高い数値という意味) で表示する (表2.1)。

最終のデザインとしては，最終的に選択された“感性ワード”を決めた後，表2.1のStageごとに“H”に該当する「デザインアイテム」（ここでは省略している）を取り上げて全体を構成すれば，消費者が喜んで購入してくれるデザインが完成することになる。

表 2.1　PLS 計算結果表（採用すべき項目を “H”（高い）と表記）

Stage	Kansei Words		Men samples							Female samples			
		S1	S2	S3	S4	S5	S6		S8	S9	S10	S11	S12
	Dry, Light	L	L						**H**			**H**	
	Attractive, Comfortable					H	L					**H**	
Looking	Good looking, High class		L				L						
	Trendy, Standout						L			H		H	
	Duarable, Stiff		**H**							**H**			
Touching	Smooth, Comfortable		L	H					H			H	H
	Dry, Stretch					H			H	H	H	H	
	Easy to take off	**H**		**H**	**H**		**H**		L	**H**		**H**	**H**
	Wear and move												
	Stylish, Attractive			H	L					H		H	H
Wearing	Good fit, Breaking rules												
	Light, Cool, Urban				**H**							**H**	**H**
	Stretch, Comfortable	**H**	L				H			H		H	**H**
	Want to buy												
	H = high (bolded and underline H are statistically significant)　L = low												

Urban Riders Jeans

図 2.8　最終商品（Urban Riders Jeans）

2.2.2 ＜実例 2 ＞コンピュータグラフィックスを利用する方法：Boeing 787 開発

次に，統計解析でなく自社のコンピュータ技術者が描いたコンピュータグラフィックスを活用して成功に至った事例を解説する。

(1) Boeing 側の要望のヒアリング

アメリカの友人を通して，Boeing 社のデザイン部門に心理学者として勤務している Jeanne Guerin から，感性工学を適用した航空機室内設計を指導してほしい，との連絡が入った。シアトルに出かけてもよいがこの度は相手が心理学者なので，話が通じやすいと考え，遠隔指導で進めることにした。

メールを通じて，どんな新しいデザインを予想しているのかと尋ねたところ，飛行中にお客様にゆったりと寛いでほしいが，乗客が長時間の飛行でどうしたいのかが，今のところ不明だという。そこで，最初に乗客の室内での希望，つまりどんな気分なり感性でいたいのかの調査から開始することにした。

(2) 乗客の感性調査と室内画像の制作

Jeanne への最初のアドバイスとして，Frequent flyer（航空機活用者）の機内で過ごすときの希望や感性を調査するよう話した。航空機室内設計のために 80 名の協力者を新聞広告募集したところ，割合簡単に集めることができた。80 名の応募者を招待し，彼らにシアトルからロサンジェルスまでの飛行を想像してもらい，その間どんな気分でいたいか，あるいはどうしたいかの自由筆記を求めた。かなり散らばった意見が集まったが，80％近くが“リラックスしたい”との意見であり，これを室内感性と決定した。

通常の感性工学では“リラックス”するための室内デザインの要素（アイテム）をこの感性に適合するように調査し，感性に合わせて設計することになるが，シート（サイズ，表面生地，バウンド要因など）要因の研究から入ることになり，かなり厄介である。そこで思いついたのは，社内の優秀なデザイナー 6 人に，「シアトルからロサンジェルスまでの飛行で，お客様に“リラックス”してもらえるような客室」のデザインをコンピュータグラフィックスの技術を使用して，各自自由に設計するように依頼した。

(3) 卵型（Oval）スクリーンを使用した感性実験

6人のグラフィック技術者に「機内でのリラックス」を実現するための室内デザインを設計してもらい，Oval screen（卵型スクリーン）で被験者に評価してもらうことになった。再度新聞広告でFrequent flyer 80名を招待し，“リラックス”という感性で6種の室内コンピュータグラフィックスを評価してもらい，最も評価点が高いグラフィックスを参考にして，実際の室内設計を実行した。外観を見る窓，通路の幅，シートの後方傾斜など多くの極秘設計を含めて完成した（図2.9参照)。現在までのところ評判がとても高く成功した。

図2.9　Boeing 787 インテリアデザイン

ここで解説した統計手法（JMPの活用）が最良の手法である。そのためには，①感性調査，②サンプル商品の集め方（作成方法），③被験者の設定，④実験の進め方，⑤統計を利用した解析技術，⑥データの読み方，解釈の仕方，⑦データをデザインへ反映する技術（人間工学的発想），などを習得する必要がある。ただし，感性ワードを集めるのは，関連する書籍からの探索，特性要因図（あるいはデザインシンキング手法）など，やりやすい手法でよい。

参考文献

[1] 長町三生：感性工学のおはなし，日本規格協会，1995.

[2] 長町三生(編)：商品開発と感性，海文堂出版，2005.

[3] Nagamachi, M., Matsubara, Y., Maeda, H. and Ohgama, T.：Brand Name Decision AI System,

KEER 2018, AISC 739, Springer, pp.39-45, 2018.
[4] 内田治 , 平野綾子：JMP によるデータ分析 , 東京図書 , 2011.
[5] Jeanne Guerin：Kansei Engineering for Commercial Airplane Interior Architecture, The 16th Symposium on Quality Function Development, pp.19-26, 2004.

第3章　末梢血管粘弾性インデックスに基づく不快臭の感性モデリング

嗅覚経路は偏桃体や海馬《かいば》などで構成される大脳辺縁系と高度に相互結合しているため匂い刺激は自律神経活動や情動に大きな影響を及ぼし [1]，一部の匂いは人間の心理的・生理的健康の向上に有効であることが明らかにされている [2]。しかしながら，匂い感覚の言語化は非常に困難であることが知られており，専門家の間でも匂い感覚を記述するための共通言語は確立されていない [1]。そこで，脳活動や心臓自律神経活動などの生体情報と匂い感覚の関係を明らかにし，匂い感覚を客観的かつ定量的に評価するための研究がさまざま行われてきた。

たとえば，頭皮表面に取り付けた電極から脳の電気活動を計測する脳波を用いた解析により，匂い刺激によって特定の脳波周波数帯域が有意に反応することが示されている [3][4]。また，匂い刺激に対する心臓自律神経系の応答は心拍数や心拍変動指標によって評価され，副交感神経活動を示す心拍変動の低周波（LF：Low Frequency）成分と高周波（HF：High Frequency）成分の比 LF/HF が快という感覚と相関することが報告された [5]–[7]。一方で，皮膚コンダクタンスの計測 [5] により，匂い刺激は末梢自律神経活動にも影響を及ぼすことが示唆されているが，末梢自律神経活動と主観評価との関係はほとんど明らかにされていない。

そこで，本章では末梢自律神経の活動を反映する末梢血管粘弾性インデックスに着目する。これまでに，筆者らは対数線形化血管粘弾性モデルを提案し，心電位，連続血圧，および，指尖容積脈波から指尖末梢血管の粘弾性を推定する手法を開発した。そして，推定した末梢血管剛性インデックスにより胸腔鏡下交感神経遮断術中の末梢交感神経活動をモニタリングし，上流の交感神経の遮断とともに刺激に対する応答が消失することを確認した [8]。また，末梢血管粘弾性インデックスを用いて電気刺激による疼痛感覚を評価できることを示した [9]。本章では，不快な匂い刺激を人間に提示したときの末梢血管粘弾性インデックスを推定し，匂い感覚の主観評価と末梢交感神経活動の関係を明らかにするとともに，末梢血管粘弾性インデックスによる匂い感覚の評価法を紹介する。

以下，3.1 節では本研究で使用する匂い刺激提示—生体信号計測システムと末梢血管粘弾性インデックスに基づく末梢交感神経活動評価指標について説明し，3.2 節では実験条件および結果と考察を示す。そして，3.3 節では，まとめについて述べる。

3.1　嗅覚刺激—生体応答計測システム

図 3.1 に示すように嗅覚刺激—生体応答計測システムは匂い刺激提示部，生体信号と主観評価の計測を行うデータ計測部，末梢血管粘弾性インデックス推定部で構成される。以下，各部について述べる。

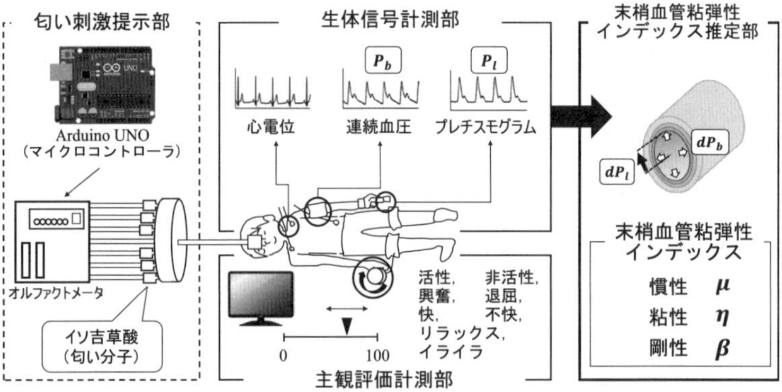

図 3.1　嗅覚刺激—生体応答計測システム

3.1.1　匂い刺激提示部

匂い刺激提示部は Johan ら [10] が提案した匂い曝露装置の構成に基づき，図 3.2 (a) に示す 7 本の送気チューブとこれらが接続されたエアコンプレッサおよびマイクロコントローラ，図 3.2 (b) に示す匂いユニット，図 3.2 (c) に示す匂い提示ユニットで構成されている。中央の 1 本の送気チューブには常に無臭空気が送気されており，残り 6 本の送気チューブの先端には匂い溶液が封入された匂いユニットが取り付けられている。6 つの匂いユニットにはそれぞれ異なる匂い刺激を封入することができ，これにより最大 6 種の匂い刺激を提示することができる。すべての送気チューブはマニホールドにおいて 1 本のチューブに統合され，被験者の鼻腔内に挿入する匂い提示ユニットに接続されている。後者の 6 本のチューブの根元にはマイクロコントローラ（Arduino Uno R3，Arduino Holding，Italy）の信号によって開閉が制御される電磁弁が取り付けられており，それぞれの電磁弁に開弁信号が送られることで送気の ON・OFF が制御される。全電磁弁の開弁信号が OFF の際には，中央の 1 本のチューブから送気される無臭空気のみが被験者に提示される。いずれか 1 つの開弁信号を ON にして電磁弁を開くと，匂いユニットを通過した匂い付き空気を無臭空気に付与することができ，特定の匂い刺激を被験者に提示できる。このように電磁弁が開いたときだけに匂いユニットを通過した空気が送られることにより，任意のタイミングで被験者の鼻腔に匂いユニットに封入した匂い刺激を提示することができる。

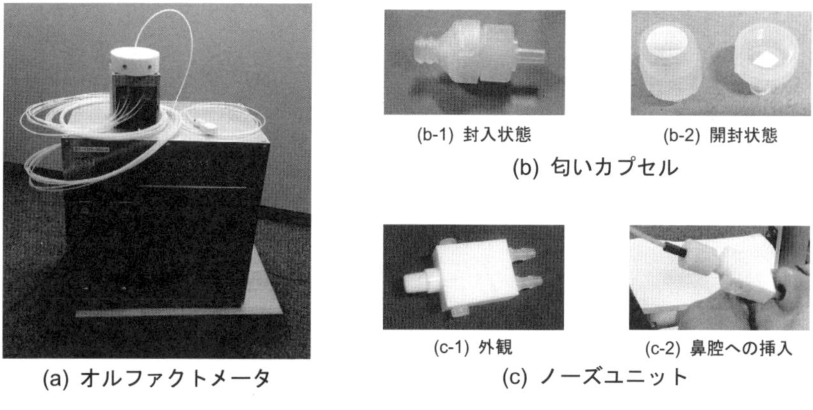

図 3.2　匂い刺激提示部

3.1.2　データ計測部

データ計測部は，主観評価計測部と生体信号計測部で構成されている。主観評価計測部では，被験者の面前に設置されたディスプレイを用いて主観評価アンケートを表示し，ダイヤル式入力装置を用いて主観評価の回答を計測する。ディスプレイには，3.2 節で説明する実験プロトコルに基づいて，安静画面，刺激画面，アンケート画面のいずれかが表示される。図 3.3 (a) に示すように，被験者に安静を指示する場合には画面中央に白色の十字が表示され，匂い刺激提示中は緑色の十字が表示される。アンケート画面では，ラッセルの円環モデル [11] に

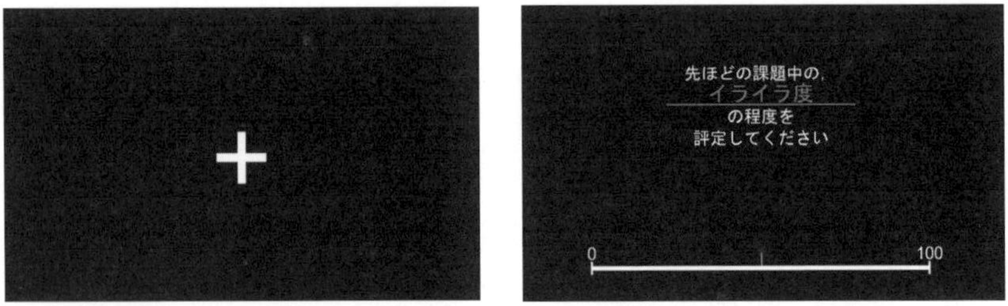

(a) 安静時と匂い刺激時の提示画面　　(b) アンケート画面

図 3.3　ディスプレイ提示画面

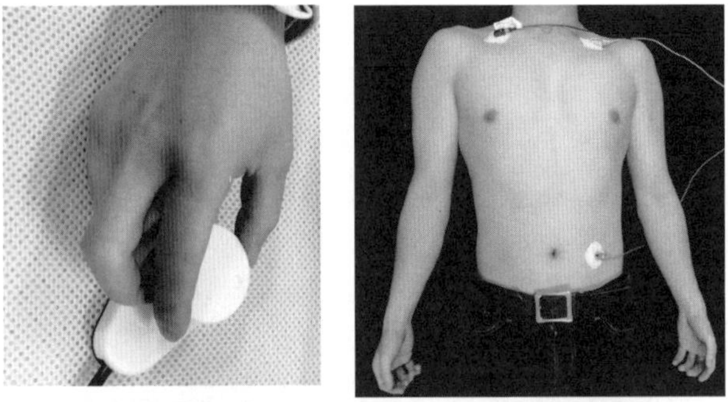

(a) 主観評価用ダイヤル装置　　(b) 心電位計測用電極

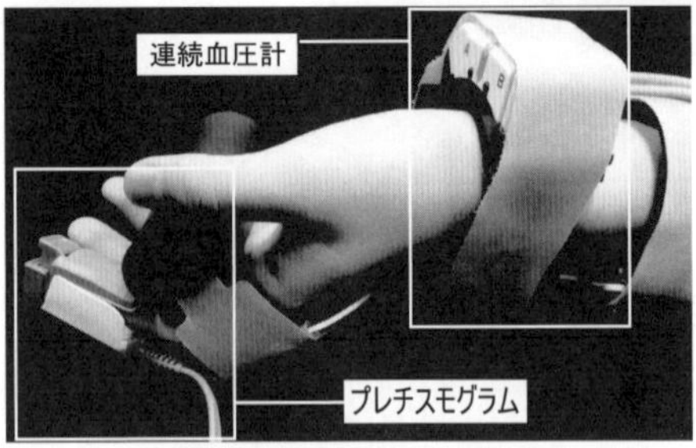

(c) 非侵襲連続血圧計とプレチスモグラム

図 3.4　生体信号計測部

基づいた 8 つの評価項目（活性，非活性，快，不快，ワクワク，退屈，リラックス，イライラ）が順に表示される。また，各評価項目の下には図 3.3 (b) に示すような Visual Analog Scale（VAS）[12] に基づく 101 に等分割された選択バーが表示される。図 3.4 (a) に示すダイヤル式入力装置は，被験者の右手近くに置かれている。装置のダイヤルを回転させると画面上の選択バーが左右に移動し，VAS を模擬した 101 段階で各評価項目に回答することができる。それぞれのアンケート項目は 5[s] おきに自動で次の項目へと遷移し，項目が遷移する直前にバーが位置する値がアンケート回答結果として計測される。

生体信号計測部は図 3.4 (b)，(c) に示した計測機器で，心電位，連続血圧 $P_b(t)$ および指尖容積脈波 $P_l(t)$ を計測する。計測された生体信号は AD 変換器を介し，サンプリング周波数 1[kHz] でコンピュータに入力される。また，安静や刺激，アンケートが行われたタイミングを示すデジタル信号がマイクロコントローラからコンピュータに送られており，各種生体信号と同期して計測を行うことで匂い刺激提示中の生体信号を抽出することができる。

3.1.3　末梢血管粘弾性インデックス推定部

末梢血管粘弾性インデックス推定部では，対数線形化末梢血管粘弾性モデル [8] に基づき，生体信号計測部で計測した心電位，連続血圧 $P_b(t)$ および指尖容積脈波 $P_l(t)$ から，対数線形化末梢血管粘弾性インデックスを推定する。対数線形化末梢血管粘弾性モデルは次式で与えられる。

$$F(t) = \tilde{\mu}\ddot{r}(t) + \tilde{\eta}\dot{r}(t) + \exp\{\tilde{\beta}dr(t) + F_{\tilde{\beta}_0} + F_{\tilde{\beta}_{nl}}(r(t))\} \tag{3.1}$$

ただし，$\tilde{\mu}$ は血管壁の慣性，$\tilde{\eta}$ は粘性，$\tilde{\beta}$ は剛性を表し，$F(t), r(t), \dot{r}(t), \ddot{r}(t)$ はそれぞれ任意の時刻 t における血管壁の法線方向に作用する力，血管径，径速度および径加速度，$F_{\tilde{\beta}_0}$ は基準血圧，$F_{\tilde{\beta}_{nl}}(r(t))$ は静脈影響を表す。ここで，簡単化のために単位面積当たりの力（圧力）に議論を限定すると，血管壁にかかる法線方向の力は血圧と等しく（$F(t) = P_b(t)$），血管径の変位は光電容積脈波と比例関係にある（$r(t) \propto P_l(t)$）ため [13]，式 (3.1) は次のように書き直すことができる。

$$P_b(t) = \mu\ddot{P}_l(t) + \eta\dot{P}_l(t) + \exp\{\beta P_l(t) + P_{b\beta_0} + P_{b\beta_{nl}}(P_l(t))\} \tag{3.2}$$

ただし，$P_b(t)$，$P_l(t)$，$\dot{P}_l(t)$，$\ddot{P}_l(t)$はそれぞれ時刻 t における動脈血圧，血管の容積変化，変化速度および変化加速度，$P_{b\beta_0}$ は基準血圧，$P_{b\beta_{nl}}(P_l(t))$ は静脈影響を表す。

次に，式 (3.2) に実測した連続血圧 $P_b(t)$ と光電容積脈波 $P_l(t)$ を代入し，以下に示す 2 ステップで末梢血管粘弾性インデックス μ，η，β を推定する。

Step1：慣性 μ，粘性 η の推定

式 (3.2) の剛性に起因する血圧成分に関して $P_l(t) = 0$ まわりでマクローリン展開を行い，2 次以上の高次項を十分に小さいと仮定すると，式 (3.2) は次のように近似できる。

$$\begin{aligned} P_b(t) &\approx \mu\ddot{P}_l(t) + \eta\dot{P}_l(t) \\ &+ \exp\{P_{b\beta_0} + P_{b\beta_{nl}}(0)\} + \beta_A P_l(t) \end{aligned} \tag{3.3}$$

$$\begin{aligned} \beta_A &= C_1 \exp\{P_{b\beta_0} + P_{b\beta_{nl}}(0)\} \\ C_1 &= \beta + \left.\frac{dP_{b\beta_{nl}}(P_l(t))}{dP_l(t)}\right|_{P_l(t)=0} \end{aligned}$$

心周期の任意の時相を基準とした時刻を t_0 とすると，任意時刻 t における血管の動特性は式 (3.3) より次式のように記述できる。

$$dP_b(t) = \mu d\ddot{P}_l(t) + \eta d\dot{P}_l(t) + \beta_A dP_l(t) \tag{3.4}$$

$$\begin{aligned} dP_b(t) = P_b(t) - P_b(t_0), d\ddot{P}_l(t) = \ddot{P}_l(t) - \ddot{P}_l(t_0), \\ d\dot{P}_l(t) = \dot{P}_l(t) - \dot{P}_l(t_0), P_l(t) = P_l(t) - P_l(t_0) \end{aligned}$$

式 (3.4) を用いて，心拍 1 拍ごとに最小二乗法によるフィッティングを行うことで μ，η，β_A が推定できる。ここで，β_A は剛性特性の近似値を表している。

Step2：剛性 β の推定

式 (3.4) より推定した μ，η を式 (3.2) に代入し，剛性血圧成分とそれ以外の成分を右辺に移項し，両辺に対数をとると次式のように整理できる。

$$
\begin{aligned}
&\beta dP_l(t) + P_{b\beta_{nl}}(P_l(t)) - P_{b\beta_{nl}}(P_l(t_0)) \\
&= \ln\left\{ \frac{P_b(t) - \mu \ddot{P}_l(t) - \eta \dot{P}_l(t)}{P_b(t_0) - \mu \ddot{P}_l(t_0) - \eta \dot{P}_l(t_0)} \right\}
\end{aligned}
\tag{3.5}
$$

式 (3.5) は任意の時刻 t における自然対数化した剛性血圧成分の動特性を示している。式 (3.5) の左辺第 2 項は血圧の非線形成分を意味しており，動脈血圧 $P_b(t)$ が平均血圧よりも高い場合は第 1 項と比較して十分に小さくなる。そのため，血圧 $P_b(t)$ が平均血圧 $\bar{P}_b$ を超えている範囲において式 (3.5) は次のように表すことができる。

$$
\begin{aligned}
&\beta dP_l(t)\big|_{P_b(t)>\bar{\mathrm{P}}_\mathrm{b}} \\
&= \ln\left\{ \frac{P_b(t) - \mu \ddot{P}_l(t) - \eta \dot{P}_l(t)}{P_b(t_0) - \mu \ddot{P}_l(t_0) - \eta \dot{P}_l(t_0)} \right\}\Bigg|_{P_b(t)>\bar{\mathrm{P}}_\mathrm{b}}
\end{aligned}
\tag{3.6}
$$

式 (3.6) を用いて心拍 1 拍ごとに線形最小二乗法によるフィッティングを行うことで剛性 β を推定できる。

以上の計算により，指尖血管の慣性 μ，粘性 η，剛性 β を推定することができる。従来，剛性 β は交感神経遮断術 [8] や主観的疼痛評価 [9] などの指標として用いられているが，本章では剛性 β に加えて，慣性 μ，粘性 η も用いて匂いの主観評価を推定する。

3.1.4　末梢血管粘弾性インデックスと匂いの主観評価との関係解析

嗅覚刺激—生体応答計測システムから得られた末梢血管粘弾性インデックス μ，η，β を用いて匂いの主観評価を推定するため，図 3.5 に示す手順で生理学的知見 [14] に基づいた信号処理を行い，末梢交感神経活動を反映する指標を算出する。

まず，末梢血管粘弾性インデックス μ，η，β それぞれについて被験者内で $\mathcal{N}(0,1)$ に標準化し，匂い刺激時の最大値，最小値，平均値，標準偏差という 4 つの統計量を求める（図 3.5 左上）。そして，主成分分析を行い，μ，η，β それぞれに関する統計量の第 1 主成分 $\mathrm{PC1}_\mu$，$\mathrm{PC1}_\eta$，$\mathrm{PC1}_\beta$ を抽出し，匂いの主観評価の第 1 主成分と比較する。

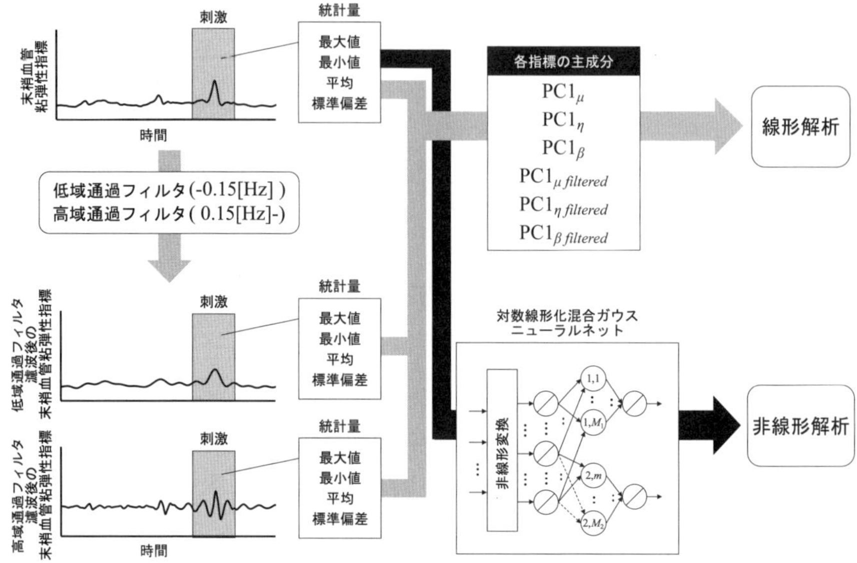

図 3.5　生体信号指標の計算方法

また，連続血圧のパワースペクトル分布において，0.15[Hz] 未満の低周波帯域は血圧変動，0.15[Hz] 以上の高周波帯域は呼吸変動の影響を反映していることが報告されている。そのため，連続血圧を用いて算出している末梢血管粘弾性インデックスについても低周波成分は血圧変動，高周波成分は呼吸変動の影響を反映していると考えられる。そこで，2 次のバターワースフィルタを用いて各末梢血管粘弾性インデックス μ，η，β をカットオフ周波数 0.15[Hz] で低周波成分と高周波成分に分離する。そして，各インデックスの低周波成分と高周波成分についてそれぞれ被験者内で $N(0,1)$ に標準化し，匂い刺激時の最大値，最小値，平均値，標準偏差という 4 つの統計量を算出し，主成分分析を行う。以上のフィルタ処理と主成分分析から得られた μ，η，β の各第 1 主成分スコアを $PC1_{\mu\ filtered}$，$PC1_{\eta\ filtered}$，$PC1_{\beta\ filtered}$ と表し（図 3.5 右上），匂いの主観評価の第 1 主成分と比較する。

さらに，各統計量と匂いの主観評価の間の非線形性を考慮するため，対数線形化混合ガウスニューラルネット（Log-linearized Gaussian Mixture Network：LLGMN）[17] を用い，末梢血管粘弾性インデックスを説明変数，主観評価を目的変数とする非線形回帰を行う。LLGMN はクラス条件付確率を推定するための混合ガウス分布を対数線形近似することによってフィードフォワード型ニューラルネット（図 3.6）に展開した識別器であり，入力が属するクラスの事後確率を予測することができる。ここで，対数線形近似はガウス混合分布のパラメータを接続重みに集約するとともにガウス分布が持つ対称性などの制約をある程度緩和するため，LLGMN は一般的な混合ガウス分布モデルよりも柔軟な確率モデルを与えることができるという利点がある。そこで，ここでは識別器として用いられてきた LLGMN を非線形回帰モデルとして用いることを考える。まず，指尖末梢血管剛性 β と粘性 η について最大値，最小値，平均値，および標準偏差を求め，これら計 8 つの統計量を入力（説明変数）とし，出力（目的変数）は主観評価の第 1 主成分スコアとする。ここで，LLGMN を適用するため，主観評価の第 1 主成分スコアを区間 [0,1] に正規化してクラス 1 の事後確率 P に対応させ，余クラス（クラス 2）の事後確率を $\bar{P} = 1 - P$ とし，非線形回帰問題を $N = 2$ クラスの事後確率推定問題に帰着させる。なお，LLGMN は混合ガウス分布モデルと同様にコンポーネント数というハイパーパラメータを有しており，ここではコンポーネント数 $M_n = 1$ ($n = 1, 2 \in N$) とする。以上の条件のもとで，主観評価の第 1 主成分スコアと LLGMN の出力 P の誤差が最小になるようにパラメータを最適化することで非線形回帰を行う。

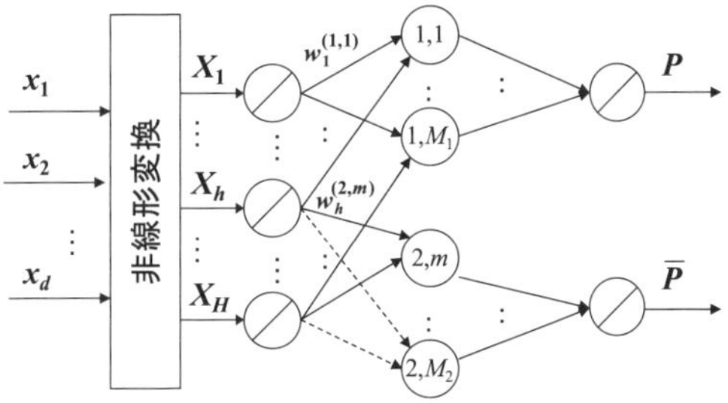

図 3.6　対数線形化混合ガウスニューラルネットの構造

3.2　不快臭刺激提示実験

不快臭を提示した際の末梢血管粘弾性インデックス μ，β，η と主観評価の関係を解析する目的で，不快臭と無臭を提示する実験を行った。実験では，匂い刺激に対する末梢自律神経応答と心臓自律神経応答の違いを明らかにするため，末梢血管粘弾性インデックスのほかに心拍変動インデックスより HR，HF，LF/HF を算出し，末梢血管粘弾性インデックスと同様に標準化を行い，匂い刺激区間における 4 つの統計量（最大値，最小値，平均，標準偏差）を求め，HR，HF，LF/HF それぞれに関する第 1 主成分スコアを求めた。本実験は，広島大学医の倫理委員会の承認を得ており（承認番号：第 E 疫－725－3 号），被験者のインフォームド・コンセントを得て行った。

3.2.1　実験条件

実験は，健常な男子大学生 6 名（21.5 ± 0.5[歳]）を対象として行った。被験者に提示する匂い刺激として，嗅覚測定用基準臭（T&T オルファクトメータ，第一薬品産業株式会社，東京）の中から従来研究 [15] において腐敗臭と表現される不快臭であるイソ吉草酸を選定した。匂いユニットには，濃度 1.0×10^{-5}[g/L] のイソ吉草酸を 5[μL] 滴下した濾紙を封入した。被験者には実験の数日前にあらかじめイソ吉草酸を提示し，不快感を示すことを確認した。また，無臭を提示する際には匂い溶液を滴下していない濾紙を用いた匂いユニットを介して無臭空気を提示した。なお，開弁信号が ON の電磁弁は 0.5[s] ごとに開閉して匂い刺激をパルス射出することで，匂い刺激に対する慣れを軽減した [16]。このパルス射出の際に雑音が生じるため，被験者はノイズをカットする防音イヤーマフ（PELTOR OPTIME III，3M Company，USA）を装着した。

図 3.7 に実験プロトコルを示す。実験は被験者に計測機器を取り付け，ダイヤル入力装置の動作確認を行った後，速やかに開始した。図 3.7 に示すように，1[min] の初期安静の後，24[s] の安静，24[s] の匂い刺激提示タスク，および 50[s] のアンケートを計 3 回繰り返すというプロトコルを 1 セッションとし，各被験者ごとに 4 セッションの実験を行った。刺激提示タスクでは，被験者に対して不快臭と無臭をランダムな順序で提示した。なお，被験者は実験中，仰臥位の安静状態を維持しなければならないため，疲労を緩和する目的で 1[min] の休憩を第 2 セッションと第 3 セッションの間に設けた。

上記実験プロトコルに基づき被験者に匂い刺激を提示し，主観評価の VAS 値

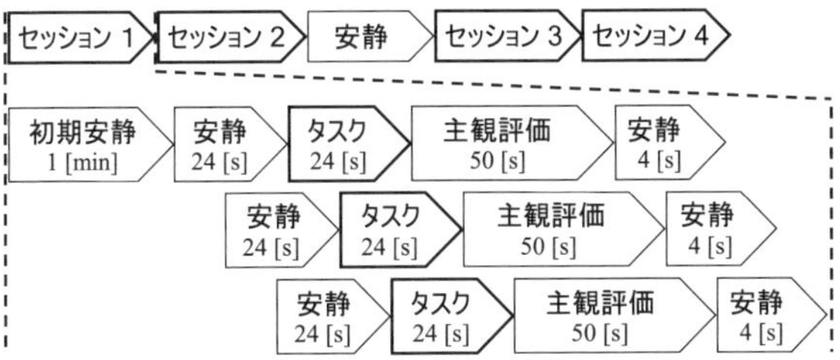

図 3.7　実験プロトコル

と心電位，連続血圧および指尖容積脈波を計測し，末梢血管粘弾性インデックス μ, β, η を推定した。また，計測された心電位を用いて心拍数 HR（Heart Rate），および心拍変動インデックス LF/HF と HF を求めた。HR，LF/HF，HF は心臓の自律神経活動を評価することができ，従来研究において快臭刺激との関係性が報告されている。たとえば，Igarashi ら [6] や Ikei ら [7] は，それぞれバラの匂いとヒノキの匂いを提示した際の LF/HF および HF を計測し，これらと心地よいという主観評価が相関することを確認している。また，Bensafi ら [5] は異なる 6 種の匂い刺激を与えた際の HR と主観評価を計測し，HR と主観評価項目の “Pleasantness” との間に 5% 有意な強い相関を確認している。本実験では LF/HF，HF を心拍変動解析ソフト（きりつ名人，クロスウェル，東京）を用いて MemCalc 法に基づき算出した。なお，心拍変動のパワースペクトル密度分布における 0.04–0.15[Hz] の周波数帯は低周波成分（LF），0.15–0.40[Hz] の周波数帯は高周波成分（HF）と定義されており，HF は心臓の副交感神経活動を反映し，LF と HF の比である LF/HF は心臓の交感神経活動を反映する。

3.2.2　実験結果と考察

前節に述べた実験プロトコルと実験条件に基づいて，匂い刺激提示実験を行った。本節では実験より得られた主観評価，心拍変動インデックス，末梢血管粘弾性インデックスの計測結果およびその解析結果を示す。

3.2.2.1　主観評価

図 3.8 (a) に各被験者内で標準化した主観評価アンケートの結果の平均値と標

準偏差をレーダーチャートで示す。不快臭提示時の平均値を△プロットで，無臭提示時の平均値を○プロットで示しており，各主観評価項目の標準偏差は破線で示している。また，2 つの匂い刺激を提示した際の主観評価の違いを比較する目的で，図 3.8 (b) に平均値を重ねて示す。図 3.8 (b) より，不快臭提示時は無臭提示時に比べて快とリラックスの得点が小さく，不快とイライラの得点が大きいことがわかる。以上より，不快臭の提示が被験者の不快・イライラ感を誘起していることが確認できた。

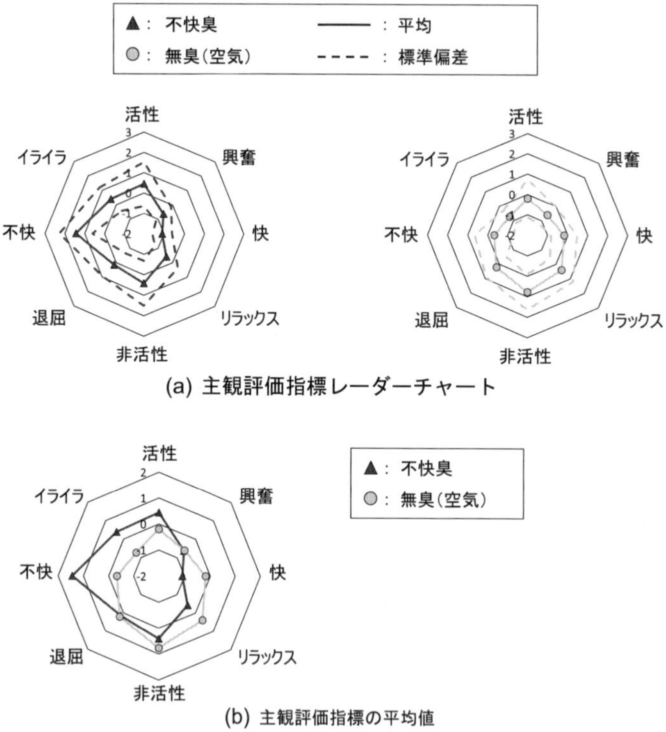

図 3.8　主観評価計測結果

末梢血管粘弾性インデックスや心拍変動インデックスと比較するため，全被験者の VAS 値を各項目内で標準正規分布 N (0,1) に標準化し，全 8 項目の標準化 VAS 値に対して主成分分析を行い，第 1 主成分軸を抽出する。図 3.9 (a) に主成分分析の結果得られた主観評価の第 1 主成分の負荷量を示す。正の主成分負荷量は不快・イライラが大きく，負の主成分負荷量は快・リラックスが大きいため，第 1 主成分はスコアが大きいほど不快・イライラを示し，スコアが小さいほど快・リラックスを意味することがわかる。なお，第 1 主成分の寄与率は 42.7％である。この第 1 主成分軸を用いて実験で提示した匂い刺激の主観評価を十分に評価できるか検証するため，不快臭と無臭それぞれの主成分スコアをウェルチの t 検定により比較した。図 3.9 (b) に不快臭と無臭に対する VAS 値の平均値と標準偏差を示す。図 3.9 (b) より主成分スコアの間に有意な差（$p < 0.001$）を確認した。

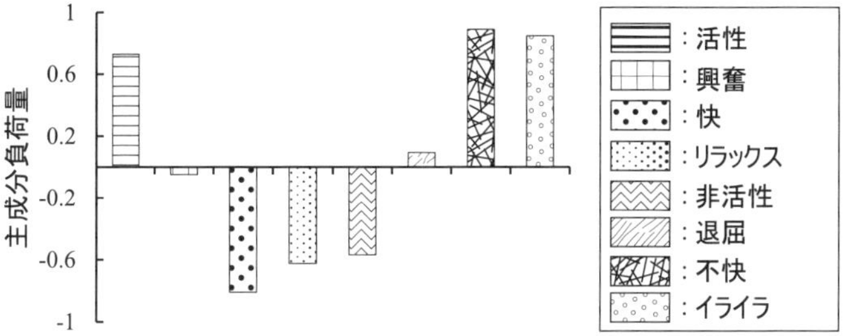

(a) 第 1 主成分負荷量

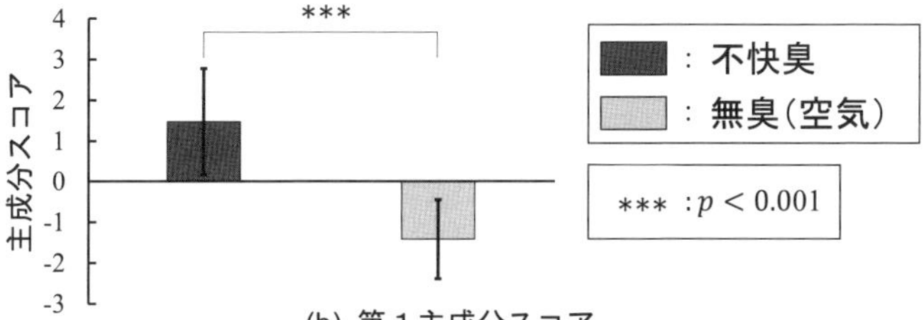

(b) 第 1 主成分スコア

図 3.9　主観評価解析結果

3.2.2.2　末梢血管粘弾性インデックスと心拍変動インデックス

図 3.10 に，末梢交感神経活動の指標である血管慣性 μ，血管粘性 η，血管剛性 β，および心臓の自律神経活動指標である HR，LF/HF，HF の計測結果の一例を示す。この図は被験者 1 名の第 3 セッションにおける各指標の時間変化を示しており，横軸はセッションが始まってからの経過時間 [s]，縦軸は各指標の値であ

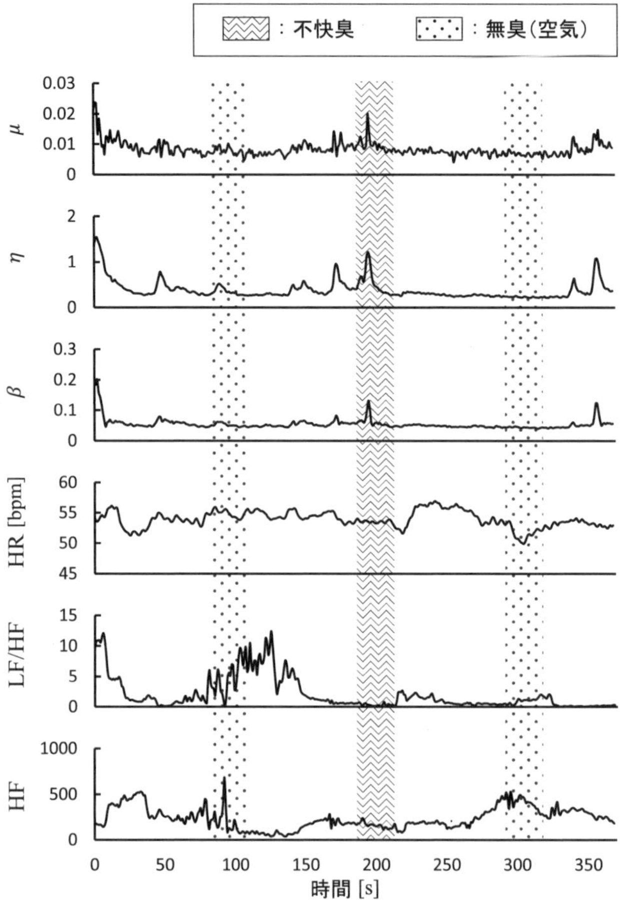

図 3.10　生体信号計測結果

り，不快臭・無臭の匂い刺激を提示した区間は模様付きの帯で示している。心拍変動インデックスの波形より，無臭が提示されたとき HR は低下し，HF は増加する傾向があることがわかる。また，血管慣性 μ と血管粘性 η，血管剛性 β は，無臭刺激の際には反応を示さず，不快臭刺激区間において急峻な上昇反応を示していることがわかる。3.1.4 項で述べたように，末梢血管粘弾性インデックス μ，η，β と心拍変動インデックス HR，LF/HF，HF を各被験者内で $N(0, 1)$ に標準化し，不快臭と無臭提示時の各インデックスの最大値，最小値，平均値，標準偏差の4つの統計量に対して主成分分析を行い，第1主成分スコアを算出した。そして，不快臭と無臭提示時の各インデックスの主成分スコア（$PC1_{\mu}$，$PC1_{\eta}$，$PC1_{\beta}$）をウェルチの t 検定で比較した結果を図3.11に示す。図3.11 (a) より，末梢血管粘弾性インデックスの各指標に関する主成分スコアについて無臭と不快臭の間に有意差が認められた。一方で，図3.11 (b) より，HR，LF/HF，HF に関する主成分スコアについては無臭と不快臭の間に有意差は認められなかった。以上より，匂い刺激に対する主観評価を末梢血管粘弾性インデックスから評価できる可能性が示された。また，心拍変動インデックスよりも末梢血管粘弾性インデックスの方が本実験で提示した不快臭刺激の評価に適していることが示された。

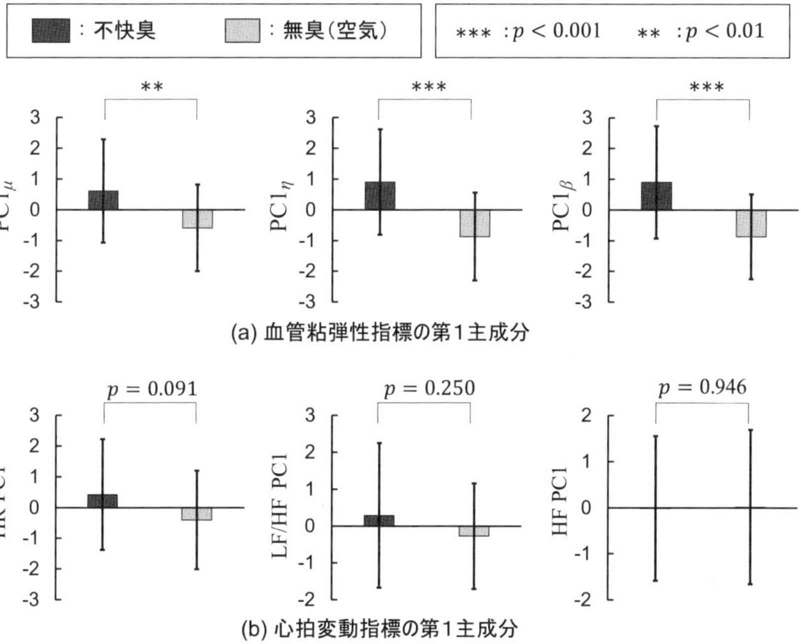

図3.11　生体信号指標に対するウェルチの t 検定結果

図3.12 (a) に末梢血管粘弾性インデックスを0.15[Hz]で低周波成分と高周波成分に分離した波形を示す。図において，濃いプロットが低周波成分，薄いプロットが高周波成分である。また，図3.12 (b) に3.1.4項で述べた各末梢血管粘弾性

インデックスの高周波成分と低周波成分から導出した主成分スコア（$\mathrm{PC1}_{\mu\ filtered}$，$\mathrm{PC1}_{\eta\ filtered}$，$\mathrm{PC1}_{\beta\ filtered}$）を示す。ダークグレーは不快臭提示時，ライトグレーは無臭提示時の各主成分スコアの平均を示す。図 3.12 (b) はウェルチの t 検定で不快臭と無臭を提示したときの $\mathrm{PC1}_{\mu\ filtered}$，$\mathrm{PC1}_{\eta\ filtered}$ および $\mathrm{PC1}_{\beta\ filtered}$ を比較した結果である。図よりすべての主成分スコア（$\mathrm{PC1}_{\mu\ filtered}$，$\mathrm{PC1}_{\eta\ filtered}$，$\mathrm{PC1}_{\beta\ filtered}$）において，無臭時と不快臭時の間に有意差が確認された。

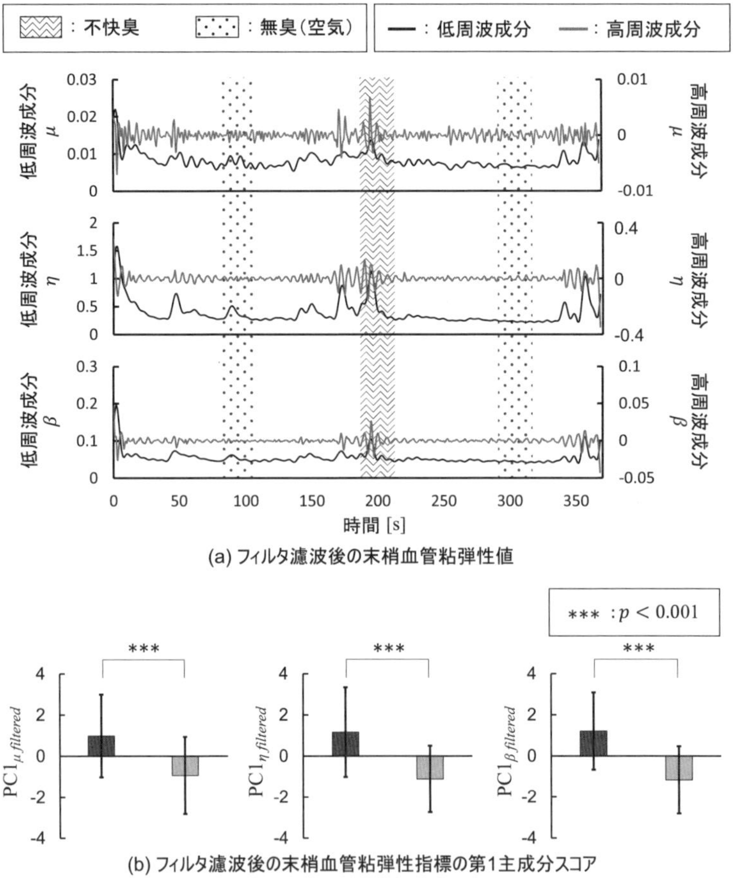

(a) フィルタ濾波後の末梢血管粘弾性値

(b) フィルタ濾波後の末梢血管粘弾性指標の第1主成分スコア

図 3.12　フィルタ濾波後の末梢血管粘弾性値とウェルチの t 検定結果

3.2.2.3　主観評価と末梢血管粘弾性インデックスの比較

図 3.13 に前節までで求めた主観評価と末梢血管粘弾性インデックス，および心拍変動インデックスに関する第 1 主成分スコアを散布図上にプロットした結果を示す。横軸は大きな値ほど不快・イライラを示す主観評価の第 1 主成分軸であり，縦軸は各心拍変動インデックスの統計量の第 1 主成分（図 3.13 (a)），各末梢

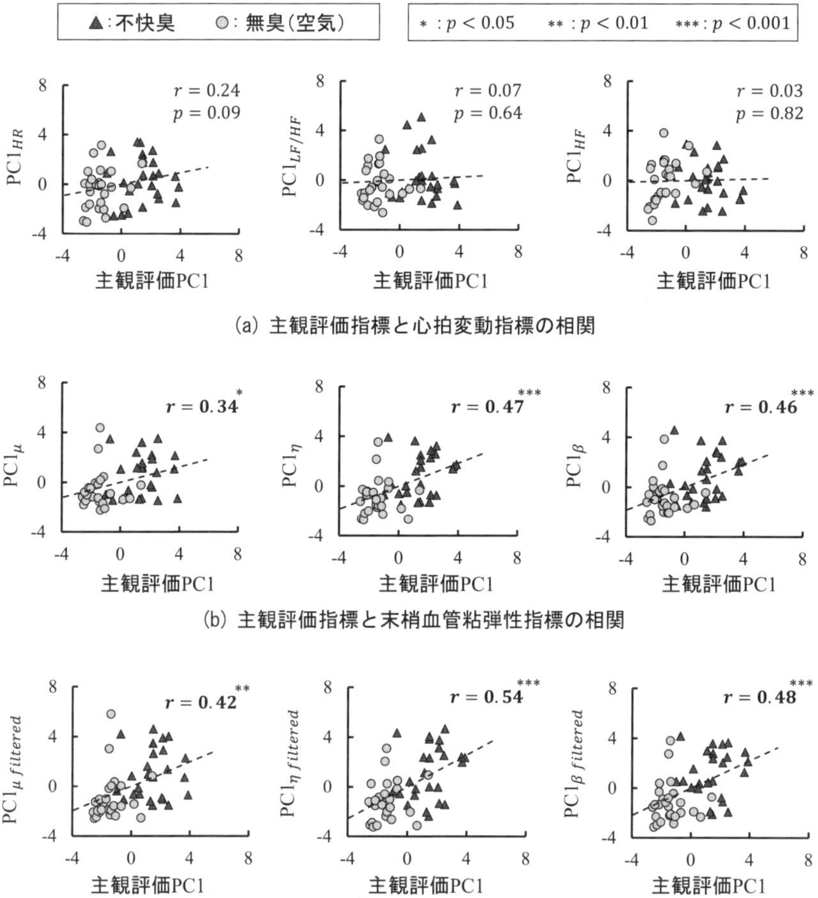

(a) 主観評価指標と心拍変動指標の相関

(b) 主観評価指標と末梢血管粘弾性指標の相関

(c) 主観評価指標とフィルタ濾波後の末梢血管粘弾性指標の相関

図 3.13　主観評価指標と生体信号指標の各第 1 主成分間の相関

血管粘弾性インデックスの統計量の第 1 主成分（図 3.13 (b)），各末梢血管粘弾性インデックスの低周波成分と高周波成分に関する統計量の第 1 主成分（図 3.13 (c)）を表す。また，△プロットは不快臭，○プロットは無臭を示しており，破線は最小二乗法による近似直線を表す。主観評価と各インデックスの統計量の主成分スコアとの間の各相関係数およびその p 値も各図中に示している。

図 3.13 (a) より，主観評価と心拍変動インデックスの間に有意な相関はないことがわかる。これは，本実験で提示した匂い刺激が誘起する不快・イライラ感を心臓の自律神経活動で評価することが困難であることを示している。従来，バラやヒノキの匂いに関しては HF や LF/HF と快という主観評価との間に相関があることが報告されている [6][7]。したがって，心臓の自律神経応答を用いた匂い主観評価は快適な感情の評価に適しており，不快な感情の評価は難しい可能性があると考えられるが，詳細については今後，快臭を提示する実験を行って検証する必要がある。

一方で，図 3.13 (b) より，主観評価と $PC1_{\mu}$ の間には弱い相関があり，$PC1_{\eta}$ および $PC1_{\beta}$ と主観評価との間には中程度の相関があることがわかった。これは，提案法を用いて主観評価の不快・イライラ感を評価できることを示している。また，血管平滑筋の収縮は末梢交感神経に支配されているため，不快臭が誘起する不快・イライラ感により末梢交感神経が賦活することが示された。

さらに，図 3.13 (c) より，生理学的知見に基づいて末梢血管粘弾性インデックスを高周波成分と低周波成分に分割し，その統計量から得られた $PC1_{\mu\ filtered}$，$PC1_{\eta\ filtered}$ および $PC1_{\beta\ filtered}$ と主観評価の間の相関は図 3.13 (b) で示した相関よりも高くなっていることがわかる。この相関の向上は末梢血管粘弾性インデックスの高周波成分による影響であり，呼吸変動の影響を考慮できたためであると考えられる。不快臭を提示した際に被験者が呼吸状態を変化させている可能性があり，今後は呼吸波を計測することにより不快臭と呼吸の関係についても検討する必要がある。

3.2.2.4 対数線形化混合ガウスニューラルネットによる非線形回帰

前節では末梢血管粘弾性インデックスと不快臭の主観評価との間に中程度の線形相関が認められることを示した。本節では，対数線形化混合ガウスニューラルネット（Log-linearized Gaussian Mixture Network：LLGMN）[17] を用い，末梢血管粘弾性インデックスを説明変数，主観評価を目的変数とする非線形回帰を行う。指尖末梢血管剛性 β と粘性 η についてそれぞれタスク区間ごとに最大値，最小値，平均値，および標準偏差を求め，これら計 8 つの統計量を入力（説明変数）とし，出力（目的変数）は主観評価の第 1 主成分とした（3.1.4 項参照）。

LLGMN を用いて非線形回帰を行った結果を図 3.14 に示す。図 3.14 (a) は，横軸に主観評価の第 1 主成分得点，縦軸に LLGMN 回帰から得られた推定値をプロットした散布図である。なお，第 1 主成分得点が大きいほど不快とイライラの主観評価得点が高いことを示している。△プロットは不快臭，○プロットは無臭を示しており，破線は散布図の最小二乗近似直線である。主観評価の第 1 主成分得点と LLGMN の推定値の間の関係について，相関係数とその p 値，および，近似直線の数式と平均二乗誤差（RMSE）も図中に示している。図より，主観評価の第 1 主成分得点と LLGMN の推定値の間の平均二乗誤差は十分に小さく，また，両者の間には有意な強い相関が存在していることを確認した。

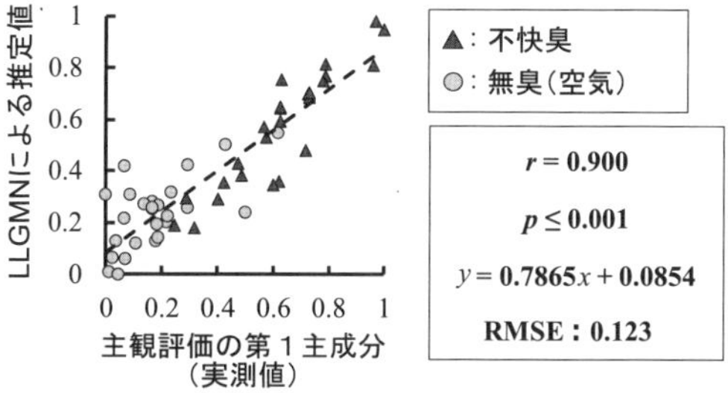

(a) 主観評価指標とLLGMN回帰から得られた推定値

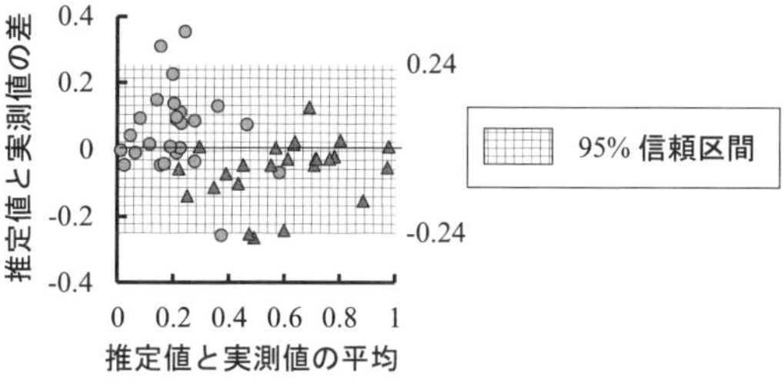

(b) Bland-Altman分析の結果

図 3.14　主観評価指標の第 1 主成分に対する回帰結果

さらに，Bland-Altman 分析を行った結果を図 3.14 (b) に示す。横軸は主観評価得点と LLGMN 回帰の推定値の平均値，縦軸は両者の差を示しており，網掛け部分は 95% 信頼区間を示している。図より，各プロット点は 0 を中心に上下にばらついており，95% 信頼区間が 0 を含むことから固定誤差は存在しないことが示された。また，横軸と縦軸の間に有意な相関は認められないことから比例誤差も存在しないことが示された。以上より，LLGMN 回帰を用いて主観評価を指尖末梢血管剛性 β と粘性 η の統計量から説明可能であることが示された。

3.3 まとめ

本章では，匂い刺激提示時の主観評価と生体信号を同時計測するシステムを用いて，不快な匂いを提示した際の主観評価を計測し，末梢血管粘弾性インデックスとの関係を解析した。その結果，末梢血管粘弾性インデックスの統計量から求めた指標を用いて匂い刺激が誘起する不快・イライラという主観を評価できる可能性を示した。さらに，末梢血管粘弾性インデックスに含まれる呼吸変動の影響も考慮することで，不快・イライラ感の評価精度を向上させることができる可能性を見出した。このことは，末梢自律神経活動が匂い刺激に応答し，これを末梢血管粘弾性インデックスによって評価できることを意味している。

本章では不快臭に対する応答のみを扱ったが，様々な匂いに対する自律神経応答が明らかになれば，自律神経活動を所望の状態に調節するための機能性フレグランスを調合できる可能性がある。これは，自動車空間や個室などのパーソナルスペースにおいて，人間の自律神経状態に適した機能性フレグランスを自動的に放出するというような匂いによる自律神経制御システムの開発につながる可能性がある。

【謝辞】

本章を纏めるにあたって，実験と解析に多大な貢献をされました戸塚正明君に心から感謝いたします。

参考文献

[1] D.A. Wilson, R.J. Stevenson：Learning to Smell: Olfactory Perception from Neurobiology to Behavior, JHU Press, 2006.

[2] R.S. Herz：The Role of Odor-Evoked Memory in Psychological and Physiological Health, Brain Sciences, Vol.6, No.3, pp.22-34, 2016.

[3] G.N. Martin：Human Electroencephalographic (EEG) Response to Olfactory Stimulation: Two Experiments Using the Aroma of Food, International Journal of Psychophysiology, Vol.30, No.3, pp.287-302, 1998.

[4] W. Sayorwan, V. Siripornpanich, T. Piriyapunyaporn, T. Hongratanaworakit, N. Kotchabhakdi and N. Ruangrungsi：The Effects of Lavender Oil Inhalation on Emotional States, Autonomic Nervous System, and Brain Electrical Activity, Journal of the Medical Association of Thailand, Vol.95, No.4, pp.598-606, 2012.

[5] M. Bensafi, C. Rouby, V. Farget, B. Bertrand, M. Vigouroux and A. Holley：Autonomic Nervous System Responses to Odours: the Role of Pleasantness and Arousal, Chemical Senses, Vol.27, No.8, pp.703-709, 2002.

[6] M. Igarashi, C. Song, H. Ikei, T. Ohira and Y. Miyazaki：Effect of Olfactory Stimulation by Fresh Rose Flowers on Autonomic Nervous Activity, Journal of Alternative and Complementary Medicine, Vol.20, No.9, pp.727-731, 2014.

[7] H. Ikei, C. Song and Y. Miyazaki：Physiological effect of olfactory stimulation by Hinoki cypress (*Chamaecyparis obtusa*) Leaf Oil, Journal of Physiological Anthropology, Vol.34, No.1, pp.44-50, 2015.

[8] 平野博大 , 堀内徹也 , 平野陽豊 , 栗田雄一 , 鵜川貞二 , 中村隆治 , 佐伯昇 , 吉栖正生 , 河本昌志 , 辻敏夫：対数線形化抹消血管粘弾性インデックスの提案と交感神経遮断術への応用 , 計測自動制御学会論文集 , Vol.48, No.11, pp.731-739, 2012.

[9] H. Matsubara, H. Hirano, H. Hirano, Z. Soh, R. Nakamura, N. Saeki, M. Kawamoto, M. Yoshizumi, A. Yoshino, T. Sasaoka, S. Yamawaki, and T. Tsuji：Quantitative Evaluation of Pain during Electrocutaneous Stimulation using a Log-Linearized Peripheral Arterial Viscoelastic Model, Scientific Reports, Vol.8, Article number:3091, 2018.

[10] J.N. Lundström, A.R. Gordon, E.C. Alden, S. Boesveldt, and J. Albrecht：Methods for Building an Inexpensive Computer-Controlled Olfactometer for Temporally-Precise Experiments, International Journal of Psychophysiology, Vol.78, No.2, pp.179-189, 2010.

[11] J.A. Russell：A Circumplex Model of Affect, Journal of Personality and Social Psychology, Vol.39, No.6, pp.1161-1178, 1980.

[12] C. Maxwell：Sensitivity and Accuracy of the Visual Analogue Scale: A Psycho-Physical Classroom Experiment, British Journal of Clinical Pharmacology, Vol.6, No.1, pp.15-24, 1978.

[13] 青柳卓雄：パルスオキシメータの原理と構造 , Clinical Engineering, Vol.2, No.7, pp.99-110, 2009.

[14] 岩崎賢一：変動解析（心拍，血圧，脳血流）, 日本臨床麻酔学会誌 , Vol.28, No.7, pp.889-899, 2008.

[15] H. Kanai, H. Ishizawa, T. Nishimatsu and H. Miyasaka：Influence of Fragrance of Household Fabric Softener on Preference and Autonomic Nervous Activity, Journal of Textile Engineering, Vol.53, No.1, pp.37-41, 2007.

[16] 門脇亜美 , 野口大介 , 杉本沙友美 , 坂内祐一 , 岡田謙一：超微細なパルス射出に対する嗅覚の時間応答特性と時間分解能の測定 , The Virtual Reality Society of Japan, Vol.15, No.4, pp.545-551, 2010.

[17] T. Tsuji, O. Fukuda, H. Ichinobe and M. Kaneko：A Log-Linearized Gaussian Mixture Network and Its Application to EEG Pattern Classification, IEEE Transactions on Systems, Man, and Cybernetics-Part C: Applications and Reviews, Vol.29, No.1, pp.60-72, 1999.

第 4 章　感性工学分析の AI 手法

本章では，感性工学の分析方法について，AI 手法と呼ばれているものについて解説する。次に，人間の創造的な能力，知的能力のアシストや，あるいは感性的な認知能力のモデルである研究について述べる。

4.1　ニューラルネットワークによる主成分分析

図 4.1 のように，感性評価実験の結果，感性評価データ×サンプル数のデータが得られる。ときには 80 ペア以上にもなり，1 つの感性ワードが 1 つの次元であるとして考えると，このデータ全体を読んで理解する事は到底不可能である。そこで，主成分分析を応用して感性の構造を分析する。主成分分析の目的は，多次元データの相関構造を少ない数の次元でうまく要約することである。図 4.1 は，横軸が「高級感のある」，縦軸が「雰囲気のよい」の評価値である。一つのサンプルが一つの ○ に対応している。平均値を引いているため，原点を中心とした分布になっている。「高級感のある」と「雰囲気がよい」は，正の相関関係がある。これは，あるサンプルに「高級感がある」と評価されたとき，雰囲気がよいも高い評価になることが多いということである。同様に「高級感がある」の評価が低いと，「雰囲気がよい」も低い評価になることが多い。このように，複数の変数で相関関係にあれば，図の中の PC1 のように，一つの軸でまとめて情報を表すことができる。この軸は，元の変数の合成変数である。合成変数というのは，元の変数群に対して重みをかけて足しあわせたものになる。たとえば「高級感のある」という変数に係わる係数が重ければ（大きければ），軸は横に寝る。「雰囲気がよい」のほうが重ければ軸は縦方向に向く。

この考え方を少し定式化した言い方をすると，新たな軸 PC1 は，元データの 2 つの変数を，その情報の損失を最小限にしてまとめた特性を表わす軸になる。情報の損失が最小限ということは，新たな軸の方向に沿ったデータの分散が最大に

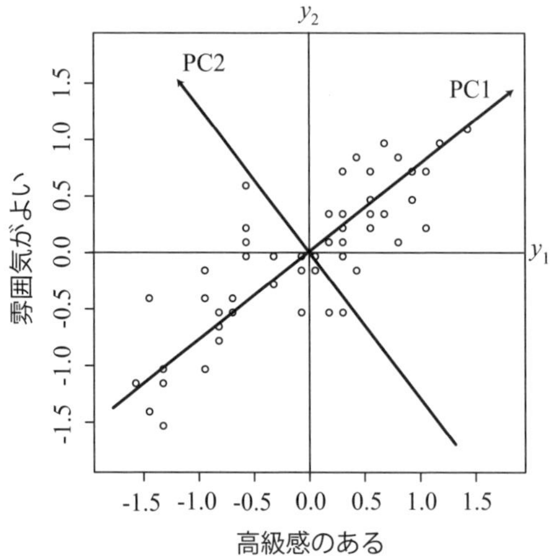

図 4.1　主成分の幾何学的説明

なるような軸を求める（分散の最大化）ということになる。このような多くの変数の特性を情報の損失を最小にして総合化するような，いくつかの新たな軸を発見し，それらの軸の特徴を読み取ることが主成分分析の目的である。この新たな軸は，互いに直交，すなわち 90 度で交わる，つまり相関がゼロであるという制約がある。

伝統的な，多変量解析手法としての主成分分析の計算方法については，「商品開発と感性」（海文堂出版）の第 7 章にて解説している。主成分分析についてのトピックとして，筆者らの行ったニューラルネットワーク（PCAnet）を用いた方法について述べる [1][2]。

4.1.1　ニューラルネットワークによる分散の最大化

N 次元の入力信号を受け取る 1 個のニューロン y_1 を考える。y_1 の出力は次の式 (4.1) で定義する。

$$y_1 = \sum_{j=1}^{N} c_{1_j} \xi_j \tag{4.1}$$

ここで c_{1j} は入力 ξ_j から y_1 へのシナプス結合の重みである。古典的ヘッブ学習方程式ではシナプス結合重みは次の式 (4.2) 式で更新される。

$$c_{ij}(t+1) = c_{ij}(t) + \gamma y_i(t)\,\xi_j(t) \tag{4.2}$$

このヘッブ学習ルールが出力値 y_1 の分散を最大化する理由を説明する。ネットワークに N 次元の入力ベクトルが与えられてシナプス結合重みを更新していくうち，頻繁に入力されたパターンはより多く，何度も結合重み c_{1j} に同じような値を加算していくため，出力値 y_1 に対して大きな影響を持つようになる。したがって入力ベクトルの各要素の間に正か負の相関がある場合には，出力 y_1 の分散が次第に大きくなっていく。たとえば図 4.1 のような ξ_1 と ξ_2 には正の相関があるデータでは，ξ_1 と ξ_2 が同時に正の大きな値をとる，または同時に負の大きな値をとる場合が多い。したがって学習が進むとこのような場合に出力 y_1 は正の大きな値あるいは負の大きい値を示すようになる。この結果，出力 y_1 の分散が ξ_1 と ξ_2 の相関の最大となる方向へ最大化されることになり，主成分分析における，相関行列の固有ベクトルの算出と同様の計算を行うことになる。

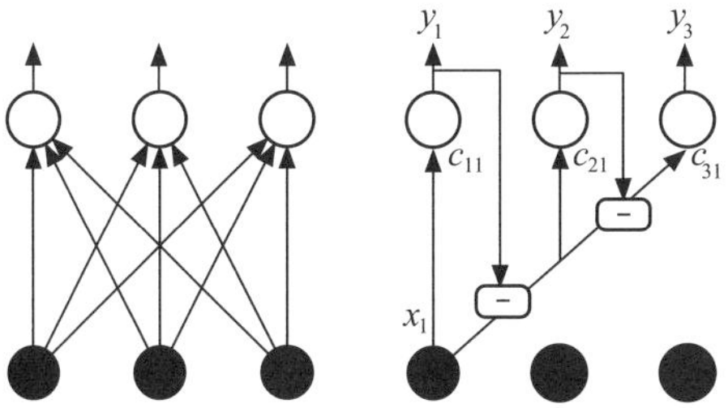

図 4.2　GHA の構造と学習則

古典的ヘッブ学習則では，結合重み c は加算を重ねて無限に大きくなりうるので，c を正規化する必要がある。Oja[11] は，フィードバックを与えることによって c の各要素の 2 乗和が 1 になるように収束させることが可能であることを証明し，また収束の結果 $c_{11},\ldots\ c_{1N}$ が第 1 主成分 $b_{11},\ \ldots,\ b_{1p}$ になることも証明した。次の式の Oja の学習則は，最大の固有値を持つ第 1 固有ベクトルだけを発見することができる（したがって次の式はニューロンが 1 個のみの場合を示している）。

$$c_{ij}(t+1) = c_{ij}(t) + \gamma y_i(t)\left(\xi_j(t) - y_i(t)c_{ij}(t)\right) \tag{4.3}$$

Sanger [12] は学習則において他の出力ニューロンへの入力を減算することで直交化が可能であることを示した（Generalized Hebbian Algorithm；GHA と呼ばれている）。これにより，各々のニューロンの c に PC_i が形成される。この方法の特徴は，旧来の方法に比べると 1 桁以上少ないメモリーで主成分分析を計算できることである。また，その精度も同等である [1][2]。

GHA は Oja アルゴリズムと Gram-Schmidt の直交化を組み合わせたもので，M 個の固有ベクトルを順次生成することができる。入力ベクトルの相関行列 $\mathbf{Q}$ は $\mathbf{Q} = \mathrm{E}[\xi\xi^{\mathrm{T}}]$ と定義する。$\mathbf{C}$ の行は相関行列 $\mathbf{Q}$ の M 個の固有ベクトルであり，$\mathbf{Q} = \mathbf{C}^{\mathrm{T}}\mathbf{A}\mathbf{C}$（$\mathbf{A}$ は $\mathbf{Q}$ の固有値の対角行列であり，降順に並んでいる）。式のシナプス結合の学習プロセスは $\mathbf{C}\mathbf{C}^{\mathrm{T}} = \mathbf{I}$（$\mathbf{I}$ は単位行列）となることを保証している。その結果，GHA は $\mathbf{Q}$ を計算することなく，M 個の固有ベクトルを算出することができる。式 (4.4) は j 番目のニューロンと i 番目の入力ベクトルの要素とのシナプス結合重み修正のルールを示す。j 番目のニューロンのシナプス結合重み修正にはそれ以前のニューロンの持つシナプス結合と出力が負の影響を及ぼすようになっている。

$$c_{ij}(t+1) = c_{ij}(t) + \gamma y_i(t)\left(y_i(t)\,\xi_j(t) - y_i(t)\sum_{k\le i} c_{kj}(t)\,y_k(t)\right) \tag{4.4}$$

図 4.3 には，2 次元の入力を持つ 2 つの出力ニューロンのシナプス結合値が直交化していくプロセスを示している。1 つの入力データが 1 つの点としてプロットされており，分布の中心は $\xi_1, \xi_2 = [0,0]$ である。200 個のデータの入力の後，$c_{11} = 0.82$, $c_{12} = 0.63$, $c_{21} = -0.22$, $c_{22} = 0.62$ に収束した。図の中の折れ線は初期値からのシナプス結合値の変化の様子をプロットしたもの，矢印は 200 回目の $[c_{11}, c_{12}]$ と $[c_{21}, c_{22}]$ を示している。2 つ

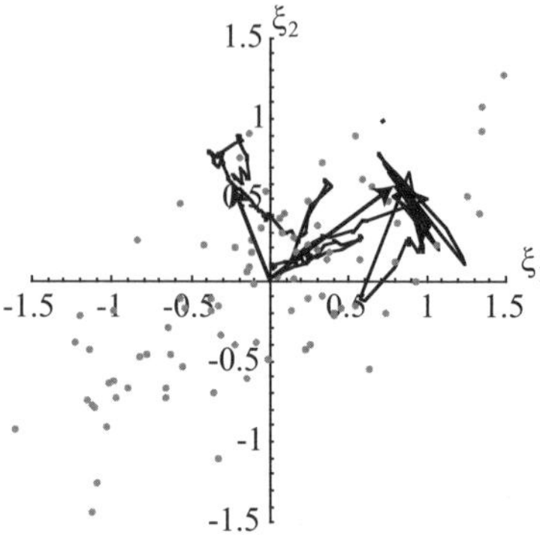

図 4.3　PCAnet によって抽出された 2 つの主成分

のニューロンは互いに直交するシナプス結合を持つように収束している。各々は第 1，第 2 固有ベクトルに対応している。

4.1.2　オンライン分析への応用

PCAnet では変数間の相関を直接計算するわけでなく，シナプスウエイトをデータから分散が最大化する方向に変化させていく。この適応的な計算メカニズムを用いることで，オンライン分析が可能になると考えられる。通常の主成分分析の計算方法では，変数の 2 次元の共分散（相関）マトリックスの主成分を計算する。感性の構造を分析する場合，分析対象の各変数は，一つ一つの感性ワードである。一つの変数の値はその感性ワードにおける k 個の評価対象についての評価値である，k 次元ベクトルとなる。n 個の感性ワードの場合，変数と変数の共分散あるいは相関は k 次元ベクトルを用いて計算した $n \times n$ の 2 次元共分散（相関）マトリックスを作成し，このマトリックスの主成分を計算する。

評価実験では，評価対象は被験者の人数回ほど評価されることになる。通常の主成分分析は 2 次元のマトリックスのみが対象であり，被験者間の平均値をとることで仮想の被験者 1 名分の評価値として扱っている。この値を用いて上記のようにして共分散（相関）マトリックスを計算している。したがって，通常の主成分分析では評価データは被験者間平均の計算が必要であり，被験者を追加するためには，被験者間平均，共分散（相関）マトリックスの作成，主成分の計算というすべての計算手続きをやりなおす必要がある。

オンライン分析を実現させるアイディアは，被験者ごとの評価値を直接入力データとすることである。この方法の長所は，評価対象数だけであったデータが，評価対象×被験者数になりデータ数が増え，シナプスウエイトの収束が早まることである。収束した後も，可塑性は保持できるのでデータの性質が若干変わっても追随できる。一方，当然ながらデータを固定した既知のものとして扱うことができないので，被験者間の平均値は計算できない。このため，シナプスウエイトが完全に直交し，分散の最大化方向に正確に向いたとしても，被験者間平均した固定データからの結果を用いたものほど正確にはなりえない。また，被験者間の評価値の差＝個人差が影響を与え，シナプスウエイトが安定しないという，可塑性に伴うデメリットもある。以上の条件の相違により，オンライン分析では主成分の近似値が求められることになる。以下では，実際の感性工学データを用いてオンライン分析でどの程度の精度で主成分が求められるか，収束に必要なデータの個数はどの程度かを調べた [5]。

実験に用いた評価実験のデータは，女性用スーツの評価データである。75 のスーツのサンプル写真を選び，5 人の被験者（女子短大生）に SD 法の質問紙で評価させた。使用した感性ワードは 73 個である。

通常の計算方法（QR 法）との比較のために，「若々しい」と「明るい」の 2 つの感性ワードを選んで変数とした。すなわち，2 次元データを入力としている。PCAnet でシナプスウエイトを主成分に収束させるためには，データの平均値を 0 とするような規格化が必要である。これまでに述べたように，正確な平均値を求めることはオンライン分析の前提から不可能であるが感性工学データの場合，たとえば 5point の SD スケールだと 3 がメディアンであるため，これを平均値と仮定してデータをコーディングして入力する。

通常の計算方法では，被験者の平均を用いた 2 変数の共分散行列の固有ベクトルを 10, 20, 30, 40, 50, 60, 70, 75 個のサンプルで計算する。PCAnet による方法では，各サンプルについて 5 人の被験者の評価値を一人分ずつ入力し，75 個のサンプル分を学習する。その途中の固有ベクトル（シナプスウエイト）をプロットした。図 4.4 に示したのは，第 1，第 2 固有ベクトルとシナプスウエイトの，x 軸（第 1 要素）成分の値である。

図に示されるように，40 個程度のサンプルの提示で PCAnet はほぼ通常の計算方法に近い値を示している。また QR 法の結果が示しているように，サンプルが増加されるにしたがって若干の固有ベクトルの変化がみられる。QR 法では固有ベクトルの値が細かく変動しうるが，PCAnet での値はそれよりも安定している。これは実用上の利点と考えることができる。QR 法を始めとする通常の計算方法では，分散の値に過度に敏感で，一つのサンプルの増減で固有ベクトルの +/− の方向が逆転し，その結果因子負荷量の符号が逆転することがよくある。PCAnet では学習によるのでモーメントが生じ，そのような逆転の現象は急激には起きない。オンライン分析に PCAnet を使用することには，十分な可能性があると判断される。

この比較に用いた実験では被験者の数が少なかったが，被験者の数が増加するにつれ，さらに正確な近似値が得られることが期待される。

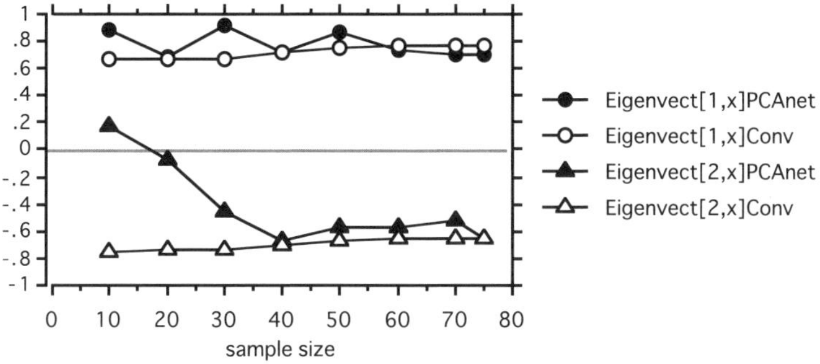

図 4.4　第 2 固有ベクトルの第 1 要素のプロット（Conv は QR 法）

4.2　自己組織化ニューラルネットワークによるクラスター分析

クラスター分析とは属性が似たものをクラスターと呼ばれるグループに分類する方法である。1 つのサンプルに多数の属性があり，この属性の集合の類似度あるいは非類似度を計算して，総合的に類似するものどうしをクラスターにしていくことで分類を進めていく。逐次計算による分類方法であり，計算方法にはたくさんのバリエーションがある。「商品開発と感性」（海文堂出版）の第 7 章でクラスター分析の古典的な計算方法について解説している。

ところで，市場に出回っている工業製品は 1 つの商品ドメインにおいてデザインのよく似た製品が数多い。その一方で非常に特徴的なデザインのものもいくつかあり，これらが他の製品とは大きく異なる評価パターンとなり，はずれ値となる。統計手法の一般的な応用場面では，はずれ値は測定エラーや反応ミスなどの異常値として取り除かれる対象とされる。しかし感性工学においては，もちろんこれらは取り除かれるべきではなく，商品開発のための重要なヒントとなりうる。そこで必要となるのは，はずれ値を他の商品グループと明確に分離することである。分離したうえで，非常に個性の強い製品と一般的な製品のクラスターの特徴を解釈する。分離が悪いと，クラスターの特性が理解できなくなり，使えない分析結果になる。このことから，クラスター分析手法を適用するに際して以下の 4 つの条件がでてくる。

①多次元はずれ値の分離，②クラスター内誤差の小さいこと：同数のクラスターならば，より類似したサンプルをグループ化すること，③連鎖と呼ばれる無意味に大きいクラスターを作らないこと：SLINK（最近接連結法）は理論的にも実際の応用場面でも②を達成するが，しばしば大多数を含む単一のクラスターを作り，意味のない結果をもたらす，④サンプルサイズが小さくても正確なクラスターを作成できること；感性工学評価データでは，次元数が40から80と多く，相対的にサンプル数が小さいケースがほとんどである。これはデータの投入による，逐次的計算方法で特に問題となる。

既存のクラスター分析の計算方法には一長一短があり，必ずしも上の4つをすべて満たすものではない。最も，これら4つの条件は感性工学データに特有ではなく，調査質問紙のような次元数の多いデータでは共通する問題であり，多くのクラスター分析の研究で課題として挙げられてきたものである。

この問題を解決するものとして，基本的な枠組みにCarpenter & GrossbergのART（Adaptive Resonance Theory）という自己組織化クラスタリングニューラルネットワークを用いることにした。これは逐次的に入力されたデータを分類していく。また，クラスターのプロトタイプが学習により，シナプス結合に形成される。学習はワンショット学習で，繰り返しは必要ない。ARTの多くのヴァリアントのうち，筆者らはART1.5 [7] をベースとした。

ただし，オリジナルのARTの学習則ではうまくクラスタリングができなかった。一つのクラスターについて，学習を同じレートで行っていくため，以前のクラスタープロトタイプを動かしすぎるからである。この対策として，過去のデータを残すように学習則を改良した。これにより，サンプル数が少数から多数のときまで，安定したクラスタリング能力を持つようになった。このネットワークを，ART1.5-SSS（Small Sample Size）と呼んでいる [8][9]。

arboARTとは，筆者らが開発したART1.5-SSSを複数個用いて階層的クラスタリングを行う方法である [10]。基本的なアイディアは，ART1.5-SSSの中に生成されるクラスタープロトタイプを，次の（距離基準のよりゆるい）ART1.5-SSSへの入力とするもので，非階層的クラスタリングを積み重ねて，階層的なクラスタリングを行う。

標準テストデータを使った検証実験では，分類エラー数，クラスター内誤差，はずれ値の分離の総合成績で従来のクラスター分析の手法を越える能力を示し

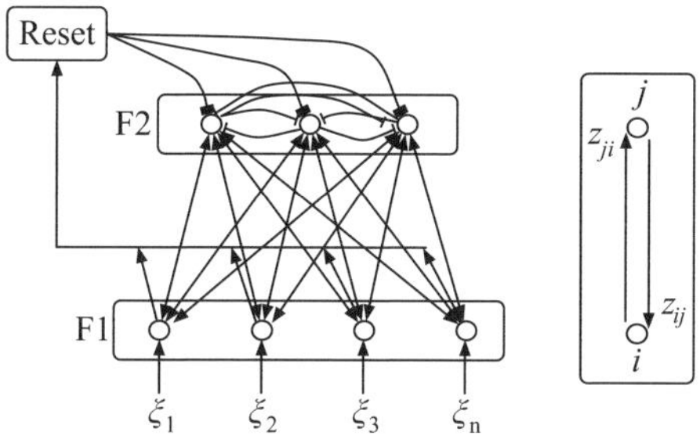

図 4.5　ART1.5-SSS の構造（右は双方向結合の説明）

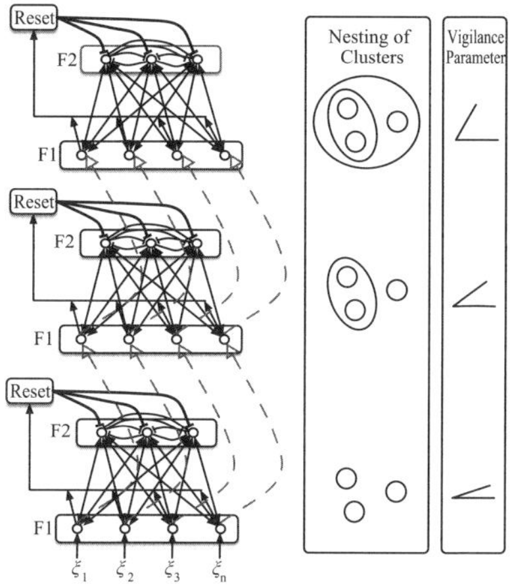

図 4.6　arboART

た [11]。

缶コーヒーのデザインの評価データを 5 段の arboART を用いて分析した例を示す [12]。アルゴリズムの詳細は「商品開発と感性」（海文堂出版）の第 7 章にて解説している。

実験方法：72 個の缶を 10 名の被験者（19 ～ 22 歳の女性 4 名，男性 6 名）に呈示した。評価には 86 個の感性ワードを用いた 5 段階 SD 評定を用いた。被験者間で平均した評価値を，86 要素を持つ 72 個の入力ベクトルとした。2 つの大きなクラスターと 5 つの小さいクラスター，9 つのはずれ値サンプルに分類された。紙面の都合により，結果の一部を紹介する。

クラスター1はプロトタイプベクトルの要素から，「ミルクっぽい」，「ソフトな」，「甘い」が対応する感性ワードである。これらの商品は1つを除いてカフェオレであり，このような色がミルクを連想させることを用いている。

図4.7　クラスター1（缶コーヒー）

クラスター2は，「シンプルな」，「スリムな」，「直線的な」が対応している。デザイン要素は，暗色の缶，ロゴが横一列でセリフのあるフォントが共通している。サブクラスターである，左から3つは「大人っぽい」，「男性らしい」，「高級感のある」に対応している。これらは商品ロゴが他のものに比べると明らかに小さく，かつレタリング的な装飾が無い。フォントは基本的な Times や Palatino 系に近い。

図4.8　クラスター2（缶コーヒー）

4.3　PLS回帰分析

PLS（Partial Least Square）は，スウェーデンの経済学者 Herman Wold と共同研究者によって1970年代半ばから開発された。PLSの最もポピュラーな応用分野は1990年代半ばからのケモメトリクス分野である。Brereton（2003）は Chemometrics でのサンプルサイズの小さい分析例を示している [13]。典型的な例としては，膨大な数の説明変数 x のスペクトル分布を利用したものがあり。一方，目的変数 y は温度や PH などの測定値を取り，サンプル数はせいぜい数十個である。一般的な重回帰ではこのようなデータを扱うことはできない。

感性工学では，感性ワードによる評価と設計要素の関係を数量化理論 I 類で分析してきた。数量化理論 I 類は重回帰モデルのバリエーションであり，その解法は最小二乗法を用いている。数量化理論 I 類は広く使われているが，2 つの欠点がある。標本サイズの問題：数量化理論 I 類は（カテゴリの数 -1）のダミー変数を組み込んでいる。重回帰分析では，変数の数がサンプル数を超えると連立方程式が解けなくなる。感性工学の場合は数十個のサンプル数に比べて，それよりも説明変数のほうが数が多いことがままある。その場合，解析者はやむなく説明変数を数グループに分割して解析することになる。そうすると，説明変数の間でどれが有力かを調べるために比較することが難しくなる。これは，分析ごとに説明変数の数と分布が異なるため，分析間でカテゴリースコア，つまり説明変数への重みのスケールが異なることによる。もう一つは，説明変数間の相互作用の問題で，相互作用が大きいと，最小二乗法では解析結果が歪んだものとなりうる。この問題は，重回帰分析における多重共線性として知られている。PLS は上記の問題を解決する可能性がある。

PLS の構造とアルゴリズム

PLS は，いくつかの潜在変数を使用する。目的変数（従属変数）の s 個のサンプルがある。これらは，s 次元ベクトル y となる。P 次元の説明変数（独立変数）は s 個のベクトル x_i となる。以下のアルゴリズムは，Miyashita and Sasaki（1995）[14] に基づいている。

最初のステップでは，y と x の共分散ベクトルである w が計算される。w は，主成分分析の固有ベクトルのように扱われる。次に，潜在変数 t_1 を導入する。t_1 からの出力（$t_1 = \Sigma x_{ik} w_k$, したがって $t_1 = \mathbf{X} w_1$）を主成分スコアとみなす。第 3 に，l_{11}, l_{12}, x と t_1 の間の相関 l_{11}, l_{12}（これらはベクトル l_1 を構成する）が計算される。これらは主成分負荷量（主成分と，元の変数の主成分スコアとの相関）に対応している。さらに，t_1 と y の間の関係である q_1 が計算される。q_1 は，t_1 を説明変数とし，y を目的変数とする単回帰分析（バイアス項なし）の結果である。第 5 に，x–t_1–y の関係が計算できる。第 6 に，第 2 の潜在変数 t_2 が導入され，上述したのと同じ手順で x–t_2–y 関係を計算する。今回は，y は x–t_1–y モデルの残差を取り，X は逆方向の推定で得られた x-t_1-y モデルの X 残差を取る（$X_{new} = X - t_1 l_{1T}$）。その結果，2 つの潜在変数と y，x の関係が得られる。最後に，これらの関係を合成して回帰式を得る。

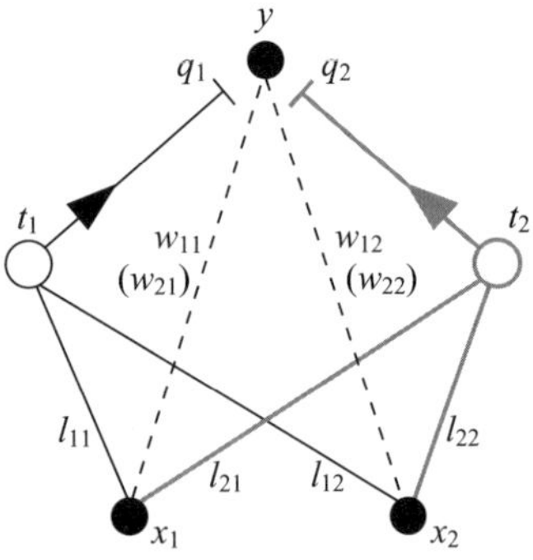

図 4.9　PLS の構造（目的変数が 1 つ）

高次元の x は，より小さな次元の直交空間に投影される。射影と y の関係は単純回帰で解かれている。このようにして，次元数の問題（小標本サイズ問題）が解決される。投影の手順は主成分分析の手順に似ている。投影は線形変換なので，回帰係数が計算できる。したがって，説明変数間の相関は，多共線性問題の原因にはならない。また，連立方程式を解く必要がないので，多重共線性が回避される。

下のグラフは PLS と数量化理論 I 類の結果を比較したものである [15]。数量化理論の各アイテム内の，カテゴリの順位の違いを調べた。グラフは変数の数に応じた順位の変化を示した。データは庭の感性工学の分析例で，カテゴリーの総数は 89，したがって x は 89 次元となっている。評価サンプルは 47 種類の庭の写真である。サンプル数が 47 に対して，説明変数が 89 なので，少数サンプルの状況となっている。数量化理論 I 類のほうは，アイテムごとに 5 分割して分析を行なっている。PLS のほうは，89 次元を 1 回で計算している。

変数 x の数が標本サイズを超えると，若干の誤差が生じている（図 4.10 の右側）。これは，サンプルサイズが小さいほど平均化の効果が小さく，偏差が小さいことが結果に反映されていると考えられる。感性工学の多くの実用的なケースでは，PLS を使うことにより，設計要素と感性の関係をかなり正確にモデル化することができる。一方，PLS を用いて解析した結果は，データにほぼ完全にフィットしているため，サンプルによる偏差（ノイズ）が小さく反映されがちで，オーバーフィッティングの危険性もある。つまり，ノイズの部分まで学習してしまう傾向があり，もともとが少数サンプル問題への対処として使っているため，この特性は頭にとどめて結果を読む必要がある。筆者らも多くのケースで PLS を使ってモデルを計算しているが，解析結果が全体の傾向を反映しているのか，特定のサンプルのみを反映しているのかは，元のデータ，デザイン要素表とサンプルとの関係を注意深く見て，解析結果を解釈する必要がある。

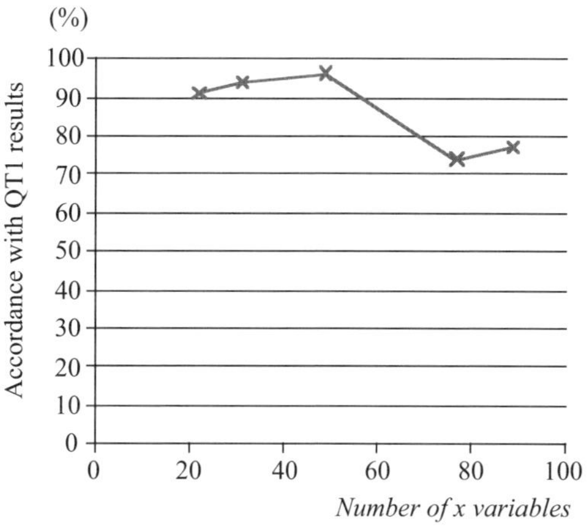

図 4.10　PLS と数量化理論 I 類との一致率（横軸は説明変数の数）

4.4　ネーミング支援 AI

地球規模の温暖化のせいか，毎年のように異常気象といわれるように，気候環境が厳しくなっている。人々の生命，安全な暮らしを守るために，土木事業の必要性は高まる一方である。

津波対策の防波堤やダムに代表されるような治水土木事業は，大規模であり，住民にとって慣れ親しんだ景観が大きく変化し，さらに，住民にも住宅の移転をお願いすることも場合によってはあり，それらに伴う痛みと悲しみに無縁ではない。

そのため，事業主体は，せめて失われるおそれのある地元の伝統文化，風土を記録し，保全につとめている。長町，竹林（1996），竹林（1998）は，風土工学と命名する考え方と具体的な方法論を提示している [16][17]。風土工学は感性工学の手法を土木分野に応用し発展させた，新しい学問分野である。

大規模土木事業においては，一つの事業でいくつもの橋梁やトンネル，道路などが新たに作られ，それら一つ一つに命名することが必要となる。それらの命名においても，大事な風土を反映させたネーミングであることが求められる。ずさんな命名では，不便や残念な思いをされた住民の方々，そして風土に対する敬意を表すことはできない。

そのような土木建造物のネーミングに対して，少しでも文化的な側面からの支援ができないか，筆者らが 1990 年代後半から 2000 年代にかけて開発した，AI 研究の成果を応用した土木建造物ネーミング支援システムについて述べる [18]-[20]。

このシステムは，図 4.11 に示す構成となっている。これは MacOS9.1 で稼働す

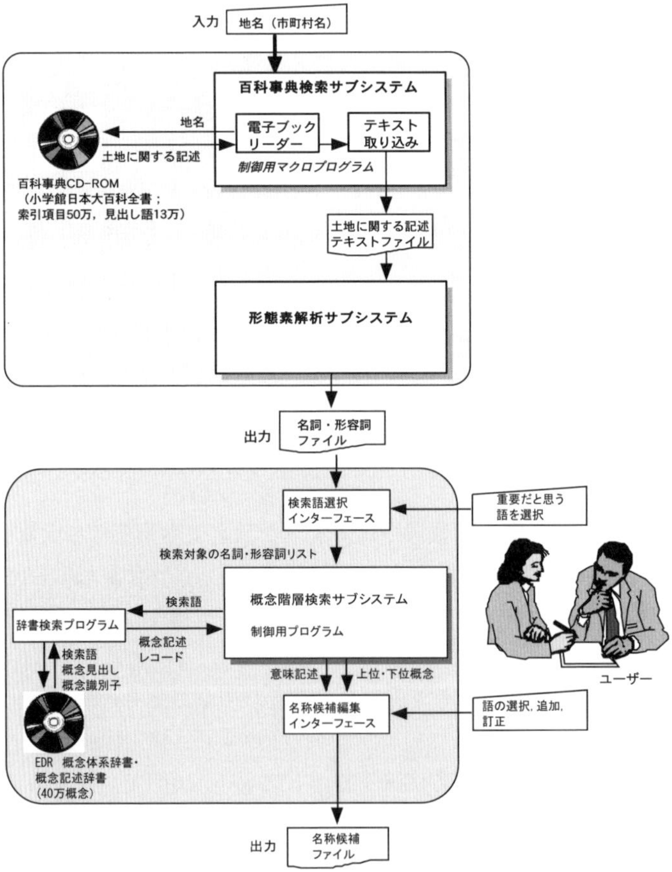

図 4.11　システム構成

る。Apple の HyperCard をベースとして，多くの外部コマンドを使用して開発した。

1）まず，対象となる地域の文化的な記述を，電子化された百科事典から求める。このシステムを作った 2000 年代初頭当時は，まだネットに伝統文化や風土の記述は少なかったが，現在では豊富にあるので，いまはそれらの記述を援用できる。
2）次に，検索された記述や説明の文章に対して，形態素解析を行い，単語への切り分けと，品詞を特定する。日本語形態素解析も，2010 年代に入って長足の進歩をとげた。動詞について正確さを追及すると巨大な辞書を必要とするが，ここでは動詞についてはひとまず扱わないので，国立国語研究所の中野先生による解析方法 [21][22] を採用し，氏によるプログラム NAP と辞書の一部を参考にして，自動的に形態素解析と品詞認定を行うシステムを開発した。図 4.12 は形態素解析の結果を示している。ここで処理された単語から，これはと思った単語群をシードとする。その単語リストは次の概念階層辞書を用いた発想の支援部分に送る。
3）概念階層辞書を用いて，シードとなる単語と，意味的に類似する単語，さらに抽象度の高い，または低い単語を検索していく。このシステムで利用した EDR 概念辞書は，基盤技術研究促進センターとコンピュータ・メーカー 8 社との共同出資のもとに，1986 年から 9 年間のプロジェクトによって作られたものである（販売元：日本電子化辞書研究所）。このうち，概念辞書は単語辞書に語義として導入された 40 万個の概念についての知識が記述されている [23]。本システムでは EDR 概念辞書 ver. 1.5（1995）のうち，概念見出し辞書と概念体系辞書 2 つを利用している。

シードとなる単語を選び，「検索」ボタンをクリックすると，概念体系辞書の中で，その単語との階層関係にあるレコードを選び出し，それを表す単語を概念見出し辞書の中から検索して表示する（図 4.13）。元のシードに検索結果を加えたものからさらにユーザーが重要だと思う語を選ばせ，また，その時点で思いついた語を加えたり，編集させたりして名称候補リストとしてファイルに出力する。

以下に実用例を示す。

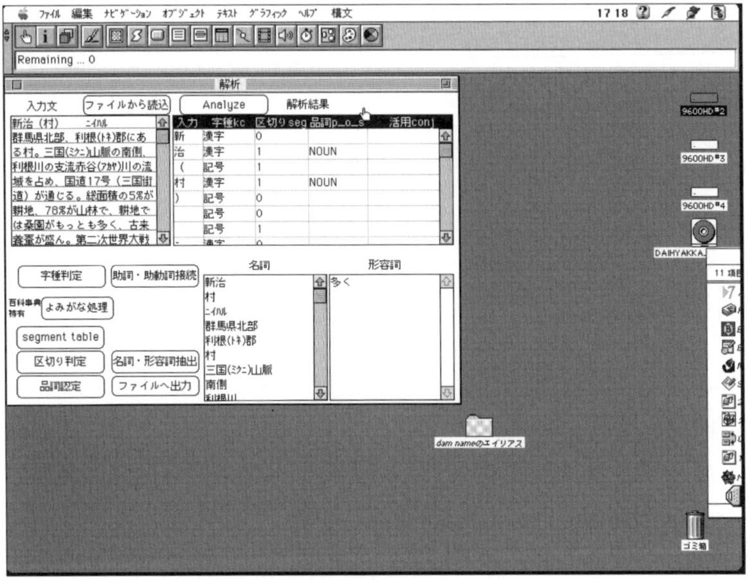

図 4.12　形態素解析システムの出力

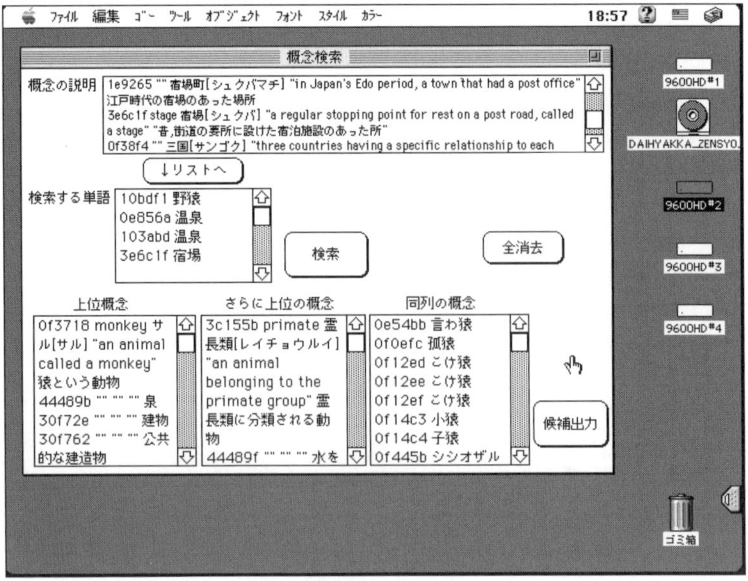

図 4.13　概念検索結果を表示した画面

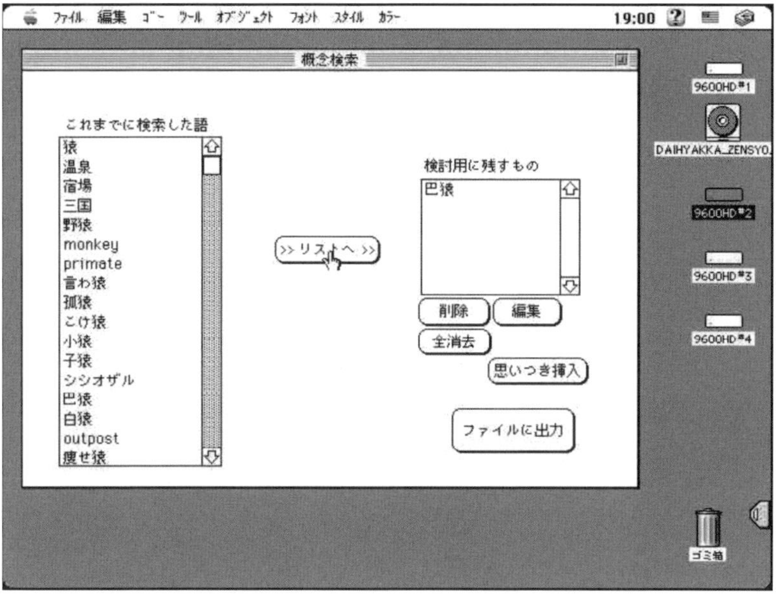

図 4.14　概念階層辞書を使い，検索した語から名称候補を検討する

（事例 1）百科事典から命名シードを抽出して発想支援システムにより名称候補を決定した場合

群馬県新治村での事例を示す。まず電子テキストからの命名シード抽出システムに“新治村”を入力すると，百科事典から図 4.12 の解析例に示した記述と名詞および形容詞が得られた。

次に，出力された名詞・形容詞リストのテキストファイルを概念階層検索による発想支援システムに入力する。ここでは，百科事典から抽出した「猿ケ京」の「猿」および「温泉」を選んで上位概念，さらに上位の概念，および同列に位置する概念を検索した。

この例では，上位概念として次のものが検索された：

サル，泉，建物，公共的な建造物。

さらに上位の概念として：

霊長類，水をたたえた地形，建造物

が検索された。

同列の概念としては次のものが検索された：

言わ猿，孤猿，こけ猿，小猿，子猿，シシオザル，巴猿，白猿，outpost，痩せ猿，山猿，タイワンザル（以下，サルの種類 23 種），泉，黄泉，鉱泉，清泉，泉源，盗泉，走り井，噴泉，湧泉，冷泉，霊泉，裂罅泉，沢泉，Bramantesque，（以下，建築様式 34 種）メモリアルホール，ガーデンハウス，パレデナシオン（ほか建築物の名称が続く），営造物，公用営造物，社会資本。

この事例では名称候補として「巴猿（峡谷に鳴く猿，峡谷の猿の鳴き声，旅愁)」，「清泉」などを得た。

(事例 2) 風土工学調査によって抽出した命名シードを発想支援システムに入力して名称候補を決定した場合

大分県大山町にある大山ダム周辺施設の命名を提案した例を示す。大山町は福岡県と熊本県に接し，筑後川の上流となる大山川が流れる，人口 4000 人の町である。約 40 年前より NPC 運動と呼ばれる米麦から梅・栗の果樹農業への転換を成功させ，以来，農作物およびそれを原材料とするユニークな地元産品の企画および販売促進活動を今日まで展開していることで全国的に有名である。また，古くは弘仁年間（810）に記述された古文書などもあり，歴史伝承，自然風土ともに豊かである。風土工学に基づく調査を通して多くの命名シードとなる語が挙げられた。その中から「梅」および「竜」を取り上げて発想支援システムを利用し，名称候補を決定した。

「梅」を検索語として同列の概念を検索すると，以下のものが得られた。

0e60f7　梅見［ウメミ］“to enjoy viewing ume blossoms”　ウメの花を見て楽しむこと

0eb1c6　観梅［カンバイ］“the act of viewing plum blossoms”　梅の花を見て楽しむこと

1f479e　梅子［バイシ］“a fruit called an ume”　梅の実

この結果からダム周辺施設の名称として梅見橋，観梅橋，梅子トンネルなどが考えられる。

また，千丈淵にある竜神伝説から「竜」を検索語として検索した結果から，以下のものを見つけることができた。

1f3d26　伏竜［フクリュウ］“a person who has made remarkable achievements who is unknown to the world”　世間に知られていない優れた人物

1f3d27　伏竜鳳雛［フクリュウホウスウ］“a person who has made remarkable achievements and a hopeful youngster who is unknown to the world”　世間に知られていない優れた人物と有望な若者

後者に関連する語は次の意味を持つ。

1087f4　鳳雛［ホウスウ］“a youngster who shows potential in some area”　前途有望な若者

この結果から，大山町の将来への希望を込めて鳳雛橋，鳳雛トンネルもふさわしいと考えられる。

本節では土木建造物に，建造する土地の風土や文化，将来への期待などを込めた名称を与えて，文化的な価値を高めることを考え，命名を支援するためのコンピュータ・システムを提案した。このシステムの前半処理である，名称シードを取り出すプロセスに，建造する土地の歴史や文化，産物など包括的に記述された電子百科事典の記述を用いることにより，その土地についての広い知識の中から命名につながるキーワードを拾い上げることを容易にすることができた。また，百科事典から抽出した語からでも，風土工学に基づく綿密な調査から抽出した語からでも，概念階層の中を検索することにより，連想したりイメージを膨らませたりする，ある種の発想転換を助けることができた。利用例に示した，地名の一部，あるいは動物としての「猿」から旅愁の意味をも持つ「巴猿」を，産物あるいは植物としての「梅」から「観梅」の楽しさ，すがすがしさのイメージを，また，東広島市を代表する花である植物の「フジ」からは一面に咲き誇る藤棚にわたる涼風を思い起こさせる「藤波」を得ることができた。これらの例は，提案したシステムを使うことにより，命名者にとっては，大量のデータを検索する作業の部分の労力を軽減するとともに，効果的な思考材料を参照しながら，類義語辞書やシソーラスと同等もしくはそれ以上に豊かな意味を持つ名前を，導き出せる可能性を示すものであると考える。

4.5　2次元FFT，感性画像認識マシーンと人間の感性プロセスの模倣（壁紙パターンの研究例）

私たち人間は，テクスチャーパターンを認識する能力が非常に高い。この研究では，壁紙の質感パターンと感性をPCA（主成分分析），2次元FFT（高速フーリエ変換），CNN（畳み込みニューラルネットワーク）を用いて解析した。PCAでは感性の構造が示された。その結果，空間周波数の感性が感性に与える役割を示唆していることがわかった。2次元FFTの結果は，スペクトルの特徴と感性評価の間に顕著な関係があることを明らかにした。2次元FFTを用いて，テクスチャーのみが異なる3つの有意なサンプルを解析した。格子状のテクスチャー，小さなひし形と大きなひし形のテクスチャーは各々異なるFFTパターンがあり，感性との関係を見てとることができる。CNNは事前に学習したネットワークをもとに転移学習（Transfer learning）として学習している。感性画像認識マシンはCNNから構築され，パターンの入力に対して，人間が感性評価するように，反応を示す。これはパターン認識と感性構造間の関係から構築されている。そして未学習のパターンを見せたときに，許容範囲での反応を得られるか，システムの補間能力についても検討した。

製品には多くの設計要素がある。長年，感性工学の解析手法では，設計要素をカテゴリー変数（名義尺度）として扱ってきた。これは長い／高い／短い／立方体，角が丸い／角が四角いなどのような，質的な表現でありこのような定型的な符号化では，貴重な情報が失われてしまう。筆者らはこの問題を，Morphometricsやビジュアライゼーションの統計的手法を用いて解決してきた[24][25]。

最近のAIの方法論や応用の進展はとても有望である。1980年代後半から1990年代にはすでに基本的なニューラルネットワーク技術は十分に発達していたが，GPUを用いた高性能コンピューティングや膨大な学習例の増加により，その境界線は現実世界へと押し出され続けている。CNNの基本構造は，福島・三宅のネオコグニトロンの影響を受けている[26][27]。ネオコグニトロンのアーキテクチャは，Hubel & Wieselの発見である，猫の視覚野の単純細胞は線分の特定の角度に反応し，複雑細胞は位置不変性を持つという知見に基づいた，サイズと回転不変な視覚認知のモデルである[28][29]。

LeCun はバックプロパゲーション学習やドロップアウトのようなニューラルネットワーク技術を用いて，CNN において少数例の過学習を回避し，一般性を確保している [30][31]。現在では，CNN の応用により，視覚認知システムが大幅に性能が向上し，人工知能応用の主要なパートとなっている。

筆者らは，パターン認識や感性構造間の関係を学習するために CNN を利用している。また，学習されていないパターンの補間についても検討した。CNN を用いることで，カメラ画像から応答し，推測された感性に答える人間の感性を模倣したシステムを作ることができる。また，学習していない壁紙のパターンから対応する感性を推論するシステムも示した [32]。

4.5.1　壁紙の感性評価実験

感性評価には女性 12 名，男性 10 名の計 22 名が参加した。参加者の年齢は 20 ～ 23 歳。3DCAD（Vectorworks）を使用して 25 室の評価サンプルを作成した。各サンプルにはそれぞれ異なる壁紙のパターンがある。壁紙パターンは，実際の壁紙サンプルからスキャンした。感性質問紙には 5 段階の SD スケールを使用した。部屋のサンプルは，色調整をしたディスプレイを使って参加者に呈示した。

4.5.2　感性の構造

感性の構造を明らかにするために主成分分析を行った。図 4.16 に示す，多くの意味的な二極関係が見つけられた。その一つは，1 時の方向が「自然な」と「スタイリッシュな」に対応していて代表的なサンプルは 22 番。反対の 7 時の方向は「粗い」と「オリエンタル」で，対応するサンプルは 19 番である。

3 時の方向は「明るい」,「健康的な」で，サンプル #24 と #23 が典型である。対照的に 9 時の方向は「暗い」,「クラシカルな」で，対応するサンプルは #18 と #17。前者のサンプルは，明るい色の中に大きな疎なパターンで，後者は暗い色の中に密度の高いパターン。サンプル #17 のパターンもデコボコした質感である。

一般的な傾向としては，主成分に沿って，右側（PC1+）に配置されたサンプルは，より大きな疎なパターンを共有している。左側のサンプル（PC1−）では，パターンが密集していたり，小さくなっていたりする。この結果は，人間の空間周波数の認識が壁紙の感性評価に大きな役割を果たしていることを示唆している。

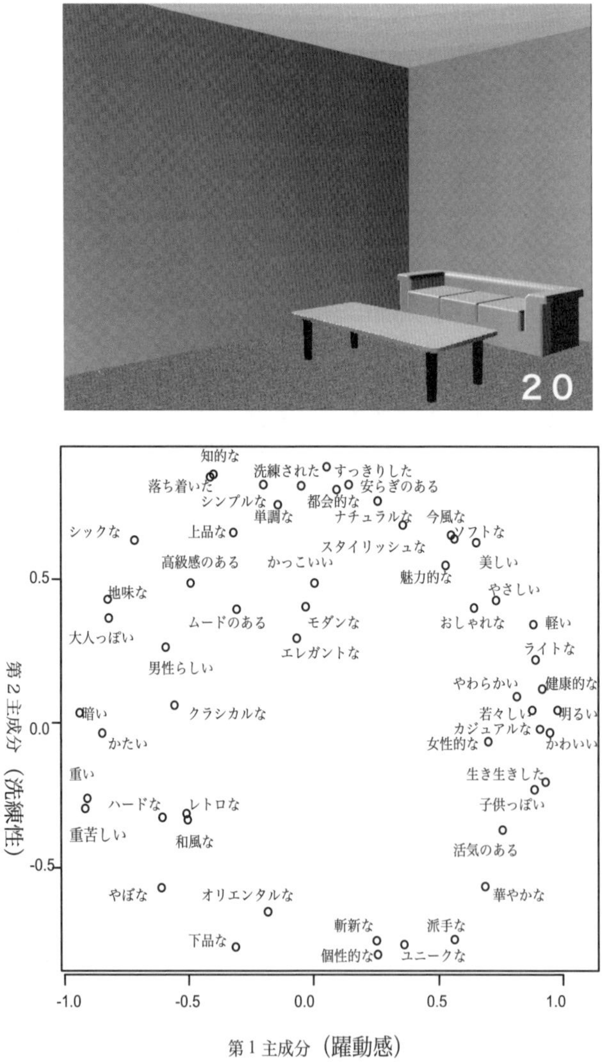

図 4.15 （上）評価サンプルの例 #20
（下）主成分スコアのプロット，第 1 ×第 2 主成分

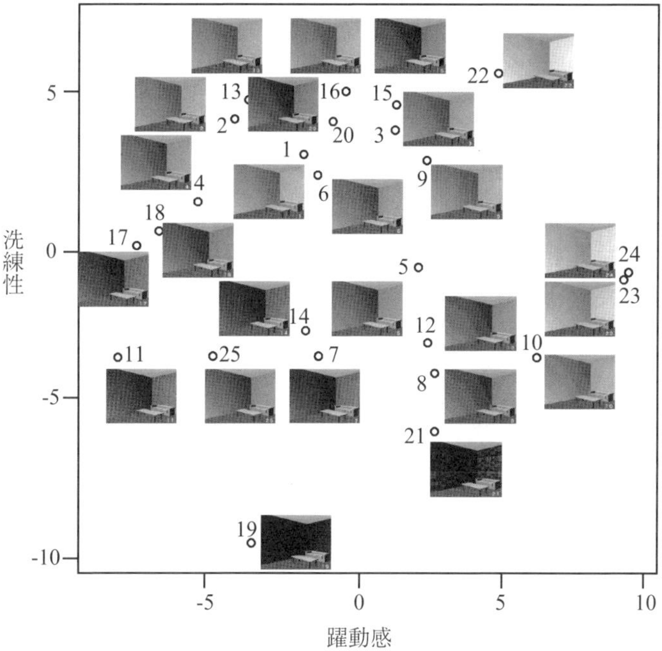

図 4.16　壁紙サンプルの主成分スコアによるプロット（第 1 ×第 2 主成分）

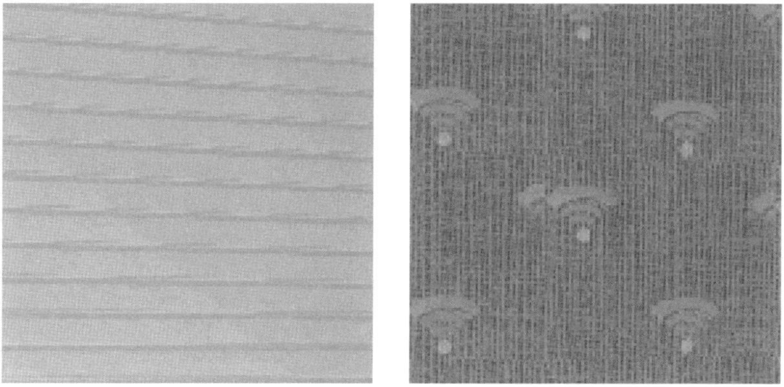

図 4.17　（左）サンプル #22（自然な，スタイリッシュな）
（右）サンプル #19（荒い，オリエンタルな）

図 4.18　(左上) サンプル #24　(右上) サンプル #23 (明るい，健康的な)
(左下) サンプル #18　(右上) サンプル #17 (暗い，クラシカルな)

4.5.3　2 次元 FFT による空間周波数分析と感性の関係

PCA の結果から，感性に対する空間周波数感度の役割についての洞察が得られた。今回の研究では，サンプル #20，サンプル #17，サンプル #11 はほぼ同じ色（グレイッシュベージュ）をしている。質感は，それぞれ異なる。サンプル #20 は「大人っぽい」と「落ち着いた」に対応している。サンプル #17 は，「大人っぽい」，「落ち着いた」，「ダーク」に対応している。サンプル #11 は「ヘビー」に対応。

空間パターン解析には，2 次元 FFT が使われている。その基本的な考え方は，まず各行で 1 次元 FFT を行い，次に各行の 1 次元 FFT 結果を 1 次元 FFT するというものである。図 4.19 にその手順を示す。最大波長（最低周波数）は 256pixel / 2 = 128pixel である。これが解析結果の左下隅に対応している。一番小さい波長は 2 ピクセルで，右上隅に対応している。水平方向は，90 度方向の線分の幅，垂直方向は，0 度方向の線分の幅に対応している。したがって，原点からの角度が，線分の方向を示している。

図 7 では，サンプル #20 の間の線は，水平方向と垂直方向の両方のグリッドテクスチャーに対応している。これらは 255/9 = 28 ピクセルの繰り返しからきている。いくつかの高調波も高い周波数で出現している。

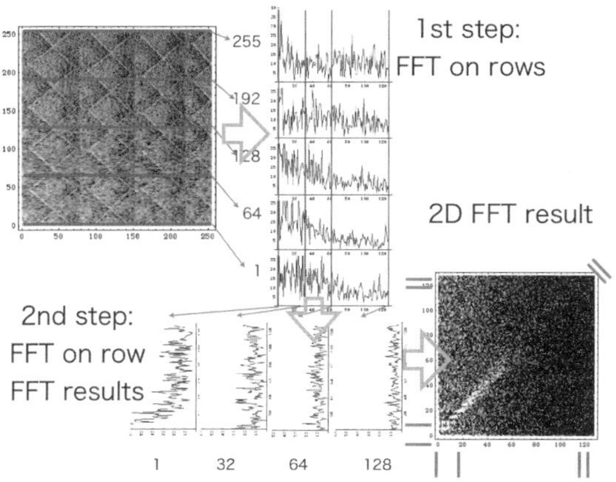

図 4.19　2D FFT scheme

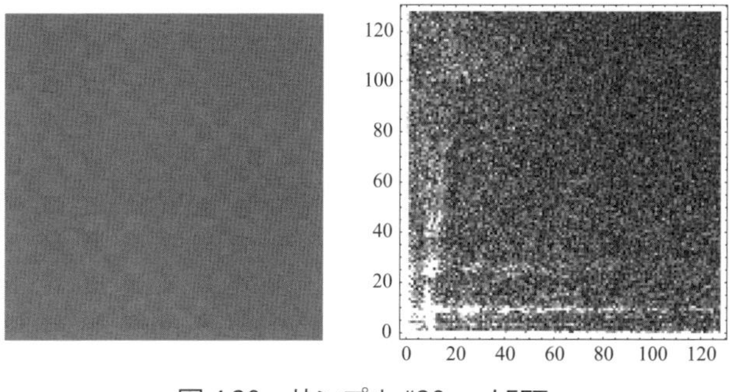

図 4.20　サンプル #20 and FFT

サンプル #17 とサンプル #11 は似たような繰り返しパターンを持っているが，その大きさには違いがある。サンプル #17 は 2DFFT で直交・離散的なスポットを持っている。この特徴は，斜め成分と 9 ～ 11 周期を暗示している。サンプル

#11 も斜めのパターンを示すが，低い周波数はより多くのパワーと連続したピークを有する。20 サイクルのピークは，58 ピクセルの三角形の基部に対応している。

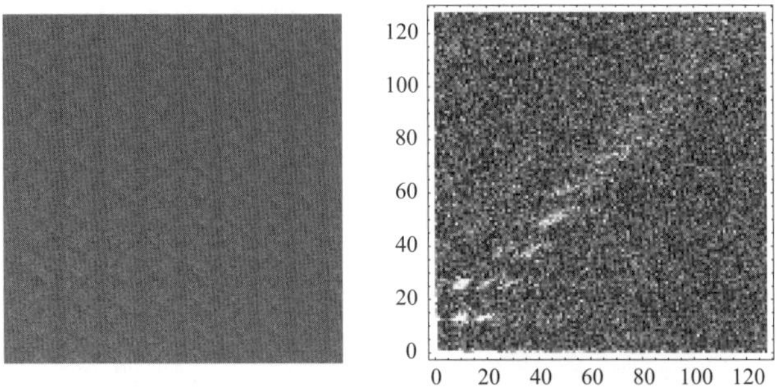

サンプル #17

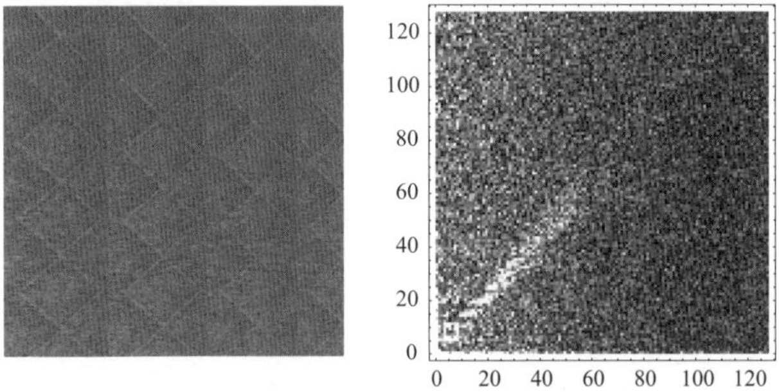

サンプル #11

図 4.21　テクスチャー（左）とその 2D FFT の結果（右）

4.5.4 CNN によるパターンと感性の対応の学習，人間の感性認識の模倣

本節の最初に述べたように，GPU を用いた並列計算能力により，学習や非常に複雑なニューラルネットワークの利用が可能となり，1990 年代にはほとんど不可能とされていたものが可能となった。

筆者らは，畳み込みニューラルネットワークの実装例の一つである AlexNet [33] を利用した。AlexNet は，ImageNet Large Scale Visual Recognition Competition

2012 で優勝した。ImageNet データセットは，2 万 2000 のカテゴリと 1400 万枚の画像を持っている。AlexNet は，5 つの畳み込み層（図 4.22 のボックスで示す）と，物体を識別するための後処理で完全に接続された層を持っている。畳み込み層は，この膨大なデータセットの学習に伴い，画像の特徴を自動的に成長させている。

使用した Alexnet は「事前学習済み」であり，すでに 1000 カテゴリ 1000 万枚以上の画像を使って学習している。そして，物体の共通特徴の視覚処理は，すでに畳み込み層で成長している。AlexNet の最終層は，1000 個の物体カテゴリに対応する 1000 個の要素を持つ。本研究では，CNN を追加学習させてテクスチャーパターンを与え，それに対応する主成分スコアを 2 次元座標に関連付けている。これを実現するために，最後の 3 つのレイヤーを元のレイヤーに変更した。作成したレイヤーは，完全に接続されたレイヤーと，2 次元 PC スコアに対応する 2 つのユニットの最終レイヤーである。MATLAB 2018b と MATLAB Deep learning toolbox をシステム構築に使用した。

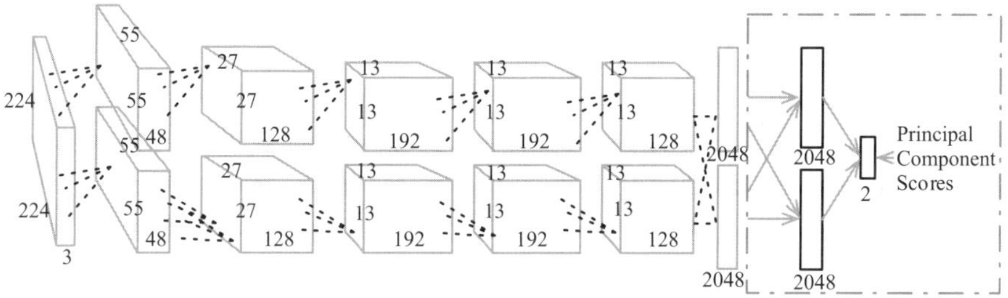

図 4.22　AlexNet の構造と追加学習分（枠内）
（図は [34] を基に作成）

事前に学習した Alexnet を利用しているので，基本的な画像特徴関数はそのままである。学習は主に最後の 2 層で行い，25 個のサンプルをすべて使って最終段のレイヤーとの間のコネクションを学習させている。バックプロパゲーションにより特徴量を変更している。

全サンプル条件の学習において，PC1 と PC2 の平均二乗誤差（Root Meas Squared Error）は [1.48, 3.28] であった。サンプル #19 が他のサンプルから大きく外れていて（図 4.16 参照），これを除外すると RMSE は [1.33, 1.93] と減少する。

ニューラルネットワークのもう一つの利点は補間機能である。そこで，補間機能を調べるために leave-one-out 法で検討した。これは，学習サンプルプールから残ったサンプルを 1 つ扱い，残りのサンプルはすべて学習に使用し，残った 1 つのサンプルを入力として調べる。サンプル #19 を除くと RMSE は [3.04, 3.50] となった。サンプル #5，サンプル #21，サンプル #23 は比較的誤差が大きく，これらを除くと RMSE は [2.06, 3.46] となる。レアカラーの場合は補間が難しいようにみえる。

図 4.23 は，未学習パターンからの感性予測を示す図である。この場合の学習データは壁紙サンプル #20 を除いたものである。サンプル #20 のパターンを読み込んで，正規化された主成分スコアとして相関関係のある感性を予測する。

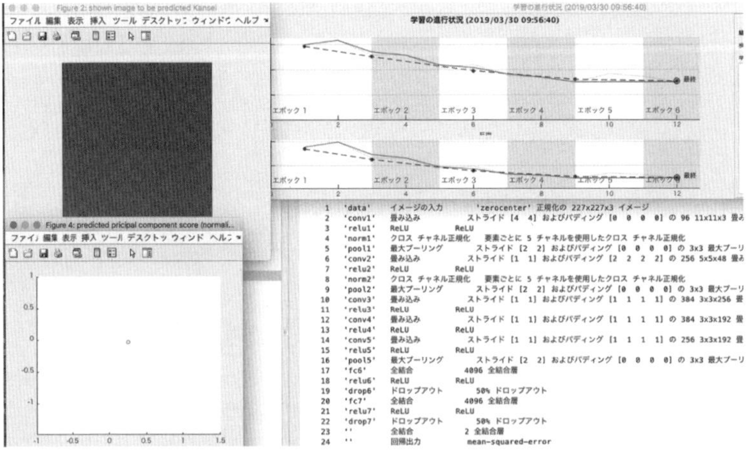

図 4.23　CNN ベースの感性パターン認識機による予測：未学習パターンからの対応する主成分スコア

最後に，学習した表現を CNN 内部で解析した。ディープドリーム法を適用した。これは白色ノイズを入力としており，学習されたネットワークによって一様なノイズがどのように修正されているかを見ることができる。図 4.24 は最後の完全接続層の活性化を示している。大きな縞模様と大きなメッシュ，小さな線状の粒子が異なる方向にあることがわかる。これらの特徴は，壁紙のパターンを統

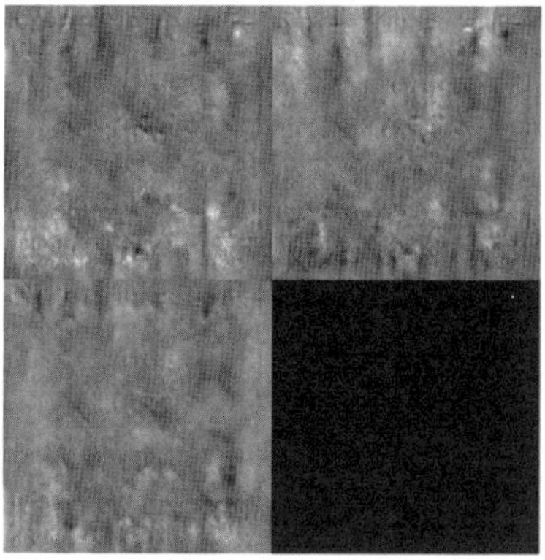

図 4.24　Deep dream による，学習したパターンの解析

合したものと考えられる。

この節では，壁紙のテクスチャーパターンに対する感性の測定と分析を行った。PCA により，感性の構造とテクスチャーについての一般的な傾向が明らかになった。その結果，より大きな疎なパターンと，密度の高いパターンや小さなパターンとでは，感性に有意な差があることがわかった。この結果は，人間の特殊周波数認識が壁紙の感性に大きな役割を果たしていることを示唆している。

2 次元 FFT はパターンの詳細な特徴を示している。正方形の千鳥状のテクスチャー，小さなひし形と大きなひし形のテクスチャーは異なる FFT パターンを持っている。

CNN は感性の視覚認識システムであり，統合的特徴量アナライザーであることを学習している。CNN を使って，画像を見て感性に応える AI を作ろうという試みは，ほぼ実現された。

ニューラルネットワークベースの AI の利点の一つは自然補間である。本研究では，学習されていないパターンを認識することで，その能力をリーブ・ワン・アウト（leave one out）法とともに示した。また，学習結果から類似パターンを生成することができるので，感性に沿ったバリエーションを自動的に生成することも可能である。筆者らは，このような新世代の感性 AI システムを構築している。

参考文献

[1] 石原茂和 , 石原恵子 , 長町三生 , 松原行宏：ニューラルネットワークを用いた感性工学エキスパートシステム ― 色彩における感性構造の分析への適用 , 人間工学 , Vol.31, No.6, pp.389-398, 1995.

[2] Ishihara, S., Ishihara, K., Nagamachi, M. & Matsubara, Y.：An analysis of Kansei structure on shoes using self-organizing neural networks, International Journal of Industrial Ergonomics, Vol.19 No.2, pp.93-104, 1997.

[3] Oja, E.：A Simplified Neuron Model as a Principal Component Analyzer, Journal of Mathematical Biology, Vol.15, No.3, pp.267-273, 1982.

[4] Sanger, T.D.：Optimal Unsupervised Learning in a Single-Layer Linear Feedforward Neural Network, Neural Networks, Vol.2, No.6, pp.459-473, 1989.

[5] Ishihara, S., Ishihara, K., Nagamachi, M. & Matsubara, Y.：An alysis of Kansei structure on women's suits design by neural networks, Proceedings of the 5th International Conference on Human Aspects of Advanced Manufacturing: Agility and Hybrid Automation, pp.85-88, 1996.

[6] Carpenter, G.A., Grossberg, S.：ART2: self-organization of satable category recognition codes for analog input patterns, Applied Optics, Vol.26, No.23, pp.4919-4930, 1987.

[7] Levine, D.S., Penz, P.A.：ART1.5-A Simplified Adaptive Resonance Network for Classifying Low-dimensional Analog Data, Proc. of 1990 Int. Joint Conf. on Neural Networks-WASH DC, Vol.2, pp.639-642, 1990.

[8] Ishihara, S., Hatamoto, K., Nagamachi, M., Matsubara, Y.：ART1.5-SSS for Kansei Engineering Expert System, Proc. of 1993 Int. Joint Conf. on Neural Networks-Nagoya, pp.2512-2515, 1993.

[9] Ishihara, S., Ishihara, K., Nagamachi, M., Matsubara, Y.：An automatic builder for a Kansei Engineering expert system using self-organizing neural networks, International Journal of Industrial Ergonomics, Vol.15, No.1, pp.13-24, 1995.

[10] Ishihara, S., Ishihara, K., Nagamachi, M., Matsubara, Y.：arboART: ART based hierarchical clustering and its application to questionnaire data analysis, Proc. of 1995 IEEE Int. Conf. on Neural Networks-Perth, pp.532-537, 1995.

[11] 石原茂和 , 石原恵子 , 長町三生：感性工学データ解析のための自己組織化ニューラルネットワークを用いた階層的クラスタリング手法の開発 , 電子情報通信学会論文誌 A, Vol. J82-A, No.1, pp.179-189, 1999.

[12] Ishihara, S., Ishihara, K., Tsuchiya, T., Nagamachi, M., Matsubara, Y.：Neural Networks Approach to Kansei Analysis on Canned Coffee Design, Proceedings of the 13th Triennial Congress of the International Ergonomics Association, Vol.2, pp.211-213, 1997.

[13] Brereton, R.：Chemometrics, Wiley, Chichester, England, 2003.

[14] 宮下芳勝 , 佐々木慎一：ケモメトリックス ― 化学パターン認識と多変量解析 , 共立出版 , 1995.

[15] Ishihara, S., Nagamachi, M. and Ishihara, K.：Analyzing Kansei and design elements relations with PLS, Proceedings of The First European Conference on Affective Design and Kansei Engineering (CD-ROM), Lund University Press, 2007.

[16] 長町三生 , 竹林征三：土木施設の命名技法に関する風土・感性工学的研究，土木計画学研究・講演集 , Vol.19, No.1, pp.301-304, 1996.

[17] 竹林征三：風土工学序説 , 技報堂出版 , 1998.

[18] 石原恵子 , 石原茂和 , 長町三生 , 竹林征三 , 西野達夫 , 市坪誠 , 小松孝二：電子ブック百科事典からの名詞 / 形容詞自動抽出システム Anexee の開発 , 広島中央女子短期大学紀要 , Vol.35, pp.1-9, 1998.

[19] 石原茂和 , 石原恵子 , 長町三生 , 西野達夫 , 竹林征三：土木建造物名称の決定支援システム , 第 2 回日本感性工学会大会予稿集 , pp.112, 2000.

[20] 石原恵子 , 石原茂和 , 長町三生 , 竹林征三：土木建造物の命名支援システムの開発 , 感性工学研究論文集 , Vol.5, No.1, pp.19-26, 2004.

[21] 中野洋：パソコンによる語の認定処理 , 国立国語研究所報告 103, 研究報告集 , Vol.12, 秀英出版（大日本図書）, pp.83-130, 1991.

[22] 中野洋：パソコンによる日本語研究法入門 , 笠間書院 , 1996.

[23] 日本電子化辞書研究所：EDR 電子化辞書 , 概念辞書 , 1995.

[24] Ishihara, S., Ishihara, K. & Nagamachi, M.：Statistical Shape Analysis of Headlights, Proc. of the 2011 Int. Conf. on Biometrics and Kansei Engineering, pp.27-32, 2011.

[25] Ishihara, S., Ishihara, K. & Nagamachi, M.：Statistical Visualization Methods for Tabular Data in Kansei Engineering, Proc. of Int. Ergonomics Association Congress, 2009.

[26] Fukushima, K. & Miyake, S.：Neocognitron: A new algorithm for pattern recognition tolerant of deformations and shift in position, Pattern Recognition, Vol.15, No.6, pp.455-469, 1982.

[27] Fukushima, K.：Neocogtnitron: A hierarchical neural network capable of visual pattern recognition, Neural Networks, Vol.1, No.2, pp.119-130, 1988.

[28] Hubel, D.H. & Wiesel, T.N.：Receptive fields, binocular interactions, and functional archetecture in the cat's visual cortex, J. of Physiology, Vol.160, No.1, pp.106-154, 1962.

[29] Hubel, D.H. & Wiesel, T.N.：Receptive fields and functional architecture of monkey striate cortex, J. of Physiology, Vol.195, No.1, pp.215-243, 1968.

[30] LeCun, Y. et al.：Backpropagation applied to hand-written zip code recognition, Neural Computation, Vol.1, No.4, pp.541-551, 1989.

[31] LeCun, Y. et al. ： Gradient-based learning applied to document recognition, Proceedings of the IEEE, Vol.86, No.11, pp.2278-2324, 1998.

[32] Ishihara, S., Nagamachi, M., Matsubara, T., Ishihara, K., Morinaga, K., Ishihara, T. ： 2D FFT and AI-based analysis of Wallpaper patterns and relations between Kansei, Advances in affective and plausible design, Proc. of the AHFE2019 Int. Conf. on Affective and Plausible Design, Washington D.C., pp.329-338, 2019.

[33] Krizhevsky, A., Ilya, S. & Hinton, G.E. ： Imagenet classification with deep convolutional neural networks, Advances in Neural Information Processing Systems, pp.1097-1105, 2012.

[34] Tsang, S.H. ： Review: AlexNet, CaffeNet-Winner of ImageNet Large Scale Visual Recognition Competition 2012 Image Classification, 2018. https://medium.com/coinmonks/paper-review-of-alexnet-caffenet-winner-in-ilsvrc-2012-image-classification-b93598314160/.

第 5 章　ラフ集合モデルと商品開発への展開

ラフ集合モデルは AI における最新の計算知能技術としてデータマイニング，知識獲得等において近年注目されている理論である。感性とデザイン・設計属性の間には非線形，組み合わせ的相互作用など線形モデルでは捉えきれない面があるが，ラフ集合モデルは差異属性のブール論理計算により感性への設計属性の非線形・組み合わせ効果を IF–THEN の明示的な形式で表現できる利点から，感性工学での知識獲得技術として注目されている。本章はラフ集合モデルの論理計算に個人の感じ方，価値観などの感性のあいまいさを扱うために確率的特性を加味した感性ラフ集合モデルを提案し，さらに感性商品開発での顧客の個性的な感性と商品特徴の関係解析や多次元感性意味空間の感性ニーズ解析への応用例を紹介する。

5.1　感性工学におけるラフ集合理論

感性工学方法論における重要なステージに感情，情緒，感覚などの感性と対象との関係を明確な形で知識獲得・発見する段階があり，この関係の知識を上手く獲得・発見する技術は顧客志向の感性商品開発のための基本的で重要な技術である。形態比，色彩などのデザイン基本要素や種々の商品属性と感性評価の間の知識を獲得するのだが，このような感性商品知識を持つ専門家は限られている。したがって感性評価データから獲得する場合が多く，これまで，統計的な数量化理論 I 類，重回帰分析など主として多変量解析の手法を用いて感性要素と設計要素の関係知識を獲得してきた。統計解析の結果，たしかに感性評価と商品属性の間には面白い規則的関係が見られるのである。統計解析は感性の意味構造の把握や商品属性と感性の関係ルールの基本部分を明確にするということから，感性知識がほとんど存在しない商品や感性商品の初期の開発段階での感性分析には欠かせない技術である。

しかし，人間は対象の個々の要素のみならず対象の要素間の結合のあり方を認知し，感じること，さらにその際に個人の認知差や価値観の差というあいまい性も表れる。また，感性とデザイン・設計属性の間には非線形，組み合わせ的相互作用など統計の線形モデルでは捉えきれない面がある [4][5]。すでに感性商品開発の経験を積み，感性意味構造や商品属性と感性の基本的知識が得られている場合には，さらに感性の非線形性，組み合わせ的効果，あいまい性（ambiguity or uncertainty）を考慮することが大切になる。これらの諸問題を上手く扱う技術として感性工学で注目されているのがラフ集合理論（RST）である [8][15]。

ラフ集合理論はまたデータマイニング，知識発見の AI を支える技術として注目されている。エキスパートシステム（ES），ニューラルネットワーク（NN），遺伝的アルゴリズム（GA），ファジィ理論など複雑な現象を扱う人工知能技術が感性評価の分析や知識獲得，またシステム化技術に利用されているが，ラフ集合理論はこれらの AI 技術の中で最新の計算知能技術といえよう [20]-[22]。感性商品開発での顧客の個性的な感性と商品特徴の関係解析や多次元感性意味空間の感性ニーズ解析，および感性商品開発支援の IF-THEN ルール AI システムの構築等での活用が期待される。

5.1.1 ラフ集合理論とは

ラフ集合理論はとにかくわかりにくい面があるので，数式をできるだけ用いないでまずラフ集合の考え方の要点を記述しよう [20]-[22]。

5.1.1.1 ラフ集合（Rough Sets）とは

ラフ集合理論はある概念 X の特徴（定義）を求めるために，概念 X の条件属性データ E_i を確実な部分のみを分析対象とする下近似集合 X_*（Lower approximation）と，概念 X の確実な属性データではないが，どちらともいえない可能性のある境界領域（矛盾を含む）の属性データも含めて分析対象とする上近似集合 X^*（Upper approximation）を計算する。たとえば，「フレンドリー」な製品の識別特徴を定義するため，「フレンドリー」製品 X の属性とそうでない製品の属性に分類するのだが，確実に「フレンドリー」製品とされる属性データの集合（下近似集合 X_*）と，「フレンドリー」かどうかわからない「あいまいな（境

界的な)」製品の属性データも含めた集合（上近似集合 X^*）とが考えられる。数式で書くと，

$$X_* = \{E_i \mid E_i \subseteq X\} \qquad \text{（下近似集合）}$$

$$X^* = \{E_i \mid E_i \cap X\} \qquad \text{（上近似集合）}$$

ここで，E_i は属性を同じくする同値類であるが，わかりやすくいえば製品の属性 E_i である。結局，ラフ集合ではある概念 X の定義は下近似集合と上近似集合の間にあるとする。

$$\text{下近似集合}\ (X_*) \subseteq \text{概念}\ X \subseteq \text{上近似集合}\ (X^*)$$

このように境界領域があって一意的に概念が決まらない集合のことをラフな集合（Rough Sets）という。数学的な，物理学的な一義的に確実に定義できる概念ではなく，境界領域のある「あいまいさ」のある概念である。日常世界の概念はほとんどがラフ集合で，感覚，知覚，感情などの言葉による表現は最もラフな概念に属す。

下近似集合から求められた識別特徴の決定ルールを下近似決定ルールという。上近似集合から求められた決定ルールを上近似決定ルールという。たとえば，「かわいい」製品の識別特徴（決定ルール）を求めるには確実に「かわいい」と判定される製品集合データ（製品の下近似集合）を取り出して，「かわいい」製品の特徴（属性）を「かわいい」製品以外の製品特徴と比べて「かわいい」製品の固有の識別特徴を抽出する。抽出された決定ルールを確実な下近似ルールという。「かわいい」ことが確実ではないが，その可能性のある製品集合も含めて（製品の上近似集合），その識別特徴を抽出した決定ルールは不確実性を含むので，可能性のある上近似ルールという。概念 X をルール（決定ルール）で表現すると，以下のように表現される。

$$\text{下近似ルール}\ (X_{lower-rules}) \subseteq \text{概念}\ X_{rules} \subseteq \text{上近似ルール}\ (X^{upper-rules})$$

以上が，Pawlak[19][20] による古典的ラフ集合理論の基本である。ラフ集合理論というとかく要素間の相互作用の決定ルールを求めることに中心があるように思えるが，以上のように概念を確実な部分，境界領域にある部分，概念には含まれない部分に分類（近似）することが本質的方法である。この点でラフ集合は

感性のような不確実性，あいまいさ，矛盾を含むデータの解析とルール獲得に優れている。なお感性・感情・知覚などで表現される言葉は，古典的ラフ集合理論の枠組みでは上述のラフ集合よりさらにラフな概念で，上述の下近似も上近似もとれない最もラフな定義不能ラフ集合（indefinable rough sets）[22] とされているクラスの概念と見做せる。さて，感性評価の近似はどうすればよいか。この問題を 5.2 節で扱う。

5.1.1.2　IF-THEN の決定ルールの性質

ラフ集合はデータ属性間の非線形な依存関係解析として決定ルール抽出アルゴリズムがあり，変数間の非線形な写像関係が分析できてその決定ルールの獲得が容易である。ラフ集合理論ではまず概念を近似して，最終的には概念 X の決定ルール（識別特徴）を求めることが目的になる。概念 X の決定ルールとは概念 X と概念でないもの $\neg X$ をその属性から比較し，概念 X にあって，$\neg X$ にはない属性の最小（minimal）の決定ルール（識別特徴）をブール推論により求める。それでは，どのような決定ルールが得られるのか。たとえば，形と色彩と大きさの要素間の識別特徴相互作用が仮定されるとしよう。この場合，形（A），色彩（B），大きさ（C）が感性に単独で作用することも，2 つが組み合わさった形・色彩（$A \wedge B$），色彩・大きさ（$B \wedge C$），形・大きさ（$A \wedge C$）の相互作用，3 つが組み合わさった形・色彩・大きさ（$A \wedge B \wedge C$）の相互作用が仮定される。ラフ集合ではできるだけ最小の相互作用を求めるブールの吸収法則を適用するので，もし色彩（B）または形・色彩（$A \wedge B$）の結果が得られた場合，組み合わせの少ない色彩（B）を結果とする。形・大きさ（$A \wedge C$）または色彩・形・大きさ（$A \wedge B \wedge C$）が求められたとすると，小さいほうの $A \wedge C$ を結果として求めるのである。要するに，できるだけ最小の相互作用を計算するのである。最小の組み合わせの相互作用を求めながらそれでも抽出される相互作用は，表面的なものではなく実質の識別特徴の相互作用と解釈される。IF $A \wedge C$ THEN X の形式であり明確で誰もが解釈しやすく利用しやすい。

以上のように，ラフ集合の決定ルールの求め方と決定ルールの性質は他の方法にはない強力な方法であり，また非線形識別ルールであることに注意されたい。

5.1.1.3　複数解の決定ルール

ラフ集合が求める相互作用はあらゆる可能性の最小の組み合わせを求めるので，最適解ではなく複数候補を生成する。たとえば，魅力的な服装についてラフ集合解析したとしよう。ネクタイの色とスーツの色の組み合わせを魅力的とするルールも得られれば，スラックスの形とスーツの形の組み合わせを魅力的とするルールも得られる，というように異なる視点の複数解が得られる。つまり，魅力的の設計解は一意的に決まらず複数解が求まる。

5.1.1.4　決定ルールの予測確実度の表現

ラフ集合の決定ルールの最大の特徴はルールの予測確実（信頼）度を評価することができることである。この確実度，逆にいえば「あいまいさ」が重要な意味を持っている。筆者らのラフ集合モデル開発の出発点がここにあるといってもよい。人間は同じ対象を知覚し，感じ，認知するときにもやはり個人の違いがある。同一製品に対してある感性を 5 段階 SD 尺度で 10 人が測定し平均値が 2.7 だとする。視点を変えて，感性評価がどちらかといえば 1.0 に近い評価（D_0）の 7 人と評価がどちらかといえば 5.0 に近い評価（D_1）の 3 人とにクラスターに分けられるかもしれない。これを，ラフ集合の基本データに用いると同じ対象（製品）に対して D_0 の評価と D_1 の評価がありうる。これが矛盾であり，「あいまいさ」である。たとえば，自動車の同じ内装に対して 10 人中 7 人は快適と感じるが残りの 3 人は快適とは感じない。人間の好み，認知箇所，価値観，などによりこのように矛盾する評価差が生じる。

この「あいまいさ」はラフ性（roughness）でもあり，このラフ性を認め正面から扱うのがラフ集合理論の最大の特徴であり，他の理論よりも優れた点である [7][8][22]。デザイン関係ではラフ集合のデータに感性の平均値を用いて解析する古典的ラフ集合理論の下近似からの方法が多用されているが，感性商品開発へのラフ集合応用では対象に対する感性のラフ性を認め上近似（確率近似）により感性評価クラスを予測するのである [8][9][10][14][15]。

マシンラーニング，データマイニングの領域で明示的なルール獲得ができて，ルールの予測信頼度（あいまいさ）を評価できるのは現在のところラフ集合理論とアソシエーション・ルール・マイニング（ARM），遺伝的アルゴリズム（GA）

の決定木など少数である。後ほど説明する筆者らが開発した感性ラフ集合モデルの特徴の1つは人間にわかりやすい明示的な予測信頼度ルールの獲得である。以上がラフ集合理論の要点である。

5.1.2 感性を商品特性に造りこむ技術としての感性ラフ集合モデルの優位性

筆者らが開発した感性ラフ集合モデルが同様の目的を持つ他の手法に比べて，商品開発における優位性について述べておきたい [4][8][15][17]。

1) ラフ集合には統計モデルのようにデータの分布特性やサンプル数の制約が基本的にはなく，変数間の関係の定性的解析に優れていることから，商品開発では顧客の感性と商品属性の非線形関係をベイズ（Bayesian）確証の最小条件を満たす決定ルールとして獲得できる。顧客の認知，感情，イメージ，購買行動の識別特徴を商品の属性の組み合わせとして求められることである。顧客は商品のどこに着眼してどのように感性を感じているか，重要な感性にとってキーとなる商品属性は何かなど，非線形要素を含めた定性的解析に利用できる。

2) ラフ集合から得られる非線形の決定ルールはIF–THENのルールベースの形で明示的に得られるので商品開発者や顧客が容易に解釈できる。ラフ集合の結果は同じく非線形予測・推論を中心とするニューラルネットワーク（たとえば最近のディープラーニングモデル），多変量予測モデルのように入出力間の関係が関数式やブラックボックスではなく，商品開発者にわかりやすい。ここに感性商品の開発，設計へラフ集合を用いる利点の一つがある。

商品開発では感性予測・推論だけでなく予測のための明示的な決定ルールの発見的知識がより役立つだろう。100％の確率で顧客の感性が予測できたとしても，その理由（ルール）が明確にならなければ商品開発者に役立つことは限定的だろう。決定ルールが明確であれば，商品戦略策定，開発・設計で役立てることができるし，次の商品開発のアイディアにつなげることもできる。また商品開発者の感性商品開発に対する感性知識も創造性も高めることもできるし，顧客に知識を利用してもらうこともできる。この感性―商品属性ルールの明確性がラフ集合の際立った優位性の1つである。また，IF–THENルールはそのまま感性知識ベースAIシステムの構築を容易にする。

3）ラフ集合から得られる決定ルールは同じ感性に対して複数解を得ることができる。これは顧客のクラスターと見ることもできるし，商品に対する着眼点が複数あることを示していると解釈してもよいだろう。カジュアルスタイルのジャケットの魅力のラフ集合解析をすれば，柄が小さなチェックで生地がウールでないことに着眼する顧客層と，ジャケットの色が薄グレーでポケットが多いことを魅力と感じる顧客層というように，同じ魅力的の感性に対して複数解（a family of sets）が得られる。顧客志向の商品開発のための感性工学技術として大切な点である。このことは感性面から見たマーケットセグメンテーションと解釈ができるので，マーケットの多様性に応じた商品開発につながる。今後ますます商品の個性化，多様化が進展するが，感性面からの多様な顧客層の感性解析と感性の商品への造りこみ技術にラフ集合を役立てることができよう [18]。感性ラフ集合モデルでは感性評価者のある程度の多様性を前提に解析結果を示すのである。

4）ラフ集合では不確実，あいまいなデータを扱うので，感性と商品属性の関係や顧客ニーズなどのあいまいなデータを忠実に解析できることから，実際のデータに即した解析ができる。獲得決定ルールの予測の程度を数値化した確実度（Certainty），ルールに適合する支持数（Support）が得られる。たとえば，確実度はある商品属性の組み合わせが魅力的であるかどうかを予測できる度合，支持数はそのルールにあてはまる顧客の反応数である。また，逆ルールの確実度である被覆率（Coverage）が利用できる。魅力的に感じるのはルールの商品属性ではどのくらいの割合であるのかが被覆率で推定される。他の手法ではあまり見られない方法が商品開発で利用できる。

5）ラフ集合モデルでは決定ルールの柔軟な獲得による商品開発への効果的利用ができる。筆者らの開発した感性ラフ集合モデル [9][10] ではモデルのパラメータの値を変えることで，最も条件長の長い特殊化された決定ルールから，最も条件長が短く一般化された決定ルールまでの一般化のレベルの異なるベイズ確証の最小条件を満たすルールを得ることができ，興味あるルールの発見も可能である。商品開発者が開発目的に合わせて興味ある感性ルールを獲得，発見して顧客志向の商品開発に生かせる。発見されたルールは最終的には開発グループによって吟味されるべきことはいうまでもない。

以上が，商品開発における感性ラフ集合モデルの他の方法に比べて優れたところである。

5.2　感性商品開発の知識発見のための感性ラフ集合モデル

5.2.1　感性ラフ集合モデル

本節では筆者らの開発した感性ラフ集合（KAnsei Rough Sets：KARS）モデルについて要点を解説する（詳しくは文献 [9]–[12] を参照）。

古典的ラフ集合アプローチは決定表，つまり原因属性を条件属性，結果評価を決定属性としたデータ表を用いて，正しく確実に分類されるデータが部分的にもせよ存在することに制約されている。しかし，確実な分類の得られないケースや確実な部分があったとしてもごく少数の例しか得られないケースも多い。

感情や感覚などのデータでは確実な部分を得ることは相当に困難である。たとえ数個の製品で確実な部分を得たとしても事例数が少なすぎて解析の意味をなさない。そこで，ラフ集合理論と確率論を結びつけ，確実とはいえないが可能的な事例を確率近似して決定ルールを求めるアイディアが，KARS モデルである。

このラフ集合モデルは感性データのような多分に「あいまいさ」を含む人間評価データの解析に適すように開発したモデルである [9][10]。特殊なラフ集合モデルではなくかなり一般化されたモデルである。つまり，あいまいなデータを扱えるモデルはあいまいさのない確定的データをも当然扱えるモデルになるからである。簡単な例を用いて筆者らの開発した感性ラフ集合モデルを説明しよう。

5.2.2　拡張決定表と人間評価データの確率的特性

表 5.1 は製品に対する人間の評価データの簡単な例であるが，古典的ラフ集合理論の決定表からすれば拡張した形になっているので拡張決定表と呼んでいる。この拡張決定表は製品に対する感性評価実験データの形式をそのままに表現した決定表であり，評価の平均値ではなく個人の反応で決定表を構成していることが特徴である。開発した KARS モデルはこの拡張決定表からアイディアが生まれたのである [4][8]。

この表には製品の集合，製品のデザイン属性（条件属性），製品に対する人間の評価（決定属性）を $E = \{E_1, E_2, E_3, E_4\}$，$A = \{a_1, a_2, a_3\}$，$d$ の記号で表している。j 番目の評価者が i 番目の製品を評価した事象が x_{ji} である。4 種類の製品と

表 5.1　人間評価データの拡張決定表

製品（E）	事象（U）	a_1	a_2	a_3	評価（d）
E_1	x_{11}	0	1	1	0
	x_{21}	0	1	1	0
	x_{31}	0	1	1	0
	x_{41}	0	1	1	1
	x_{51}	0	1	1	1
E_2	x_{12}	1	0	1	1
	x_{22}	1	0	1	1
	x_{32}	1	0	1	1
	x_{42}	1	0	1	0
	x_{52}	1	0	1	2
E_3	x_{13}	0	1	0	1
	x_{23}	0	1	0	2
	x_{33}	0	1	0	2
	x_{43}	0	1	0	2
	x_{53}	0	1	0	2
E_4	x_{14}	1	1	1	0
	x_{24}	1	1	1	0
	x_{34}	1	1	1	0
	x_{44}	1	1	1	0
	x_{54}	1	1	1	1

5 人の評価者がいる。同一製品は同じ条件属性を持つので同値クラス（E_i）である。A の任意の属性は設計属性値ドメインを持っている。$V_{a1}=\{0,1\}$，$V_{a2}=\{0,1\}$，$V_{a3}=\{0,1\}$ で，製品のカラー，形，大きさなどである。人間の評価 d も評価ドメイン $V_d=\{0,1,2\}$ で，「大変魅力的な」，「魅力的な」，「魅力的でない」などである。これらを評価決定クラスという。評価決定クラスは $D=\{D_0, D_1, D_2\}$ で，$D_j=\{x \mid d(x)=j\}$，$j=0,1,2$ である。

この決定表を一般化して表現すれば，全体集合 $U=\{x_{11},\ldots, x_{ji},\ldots, x_{mn}\}$，$p$ 個の条件属性 $A=\{a_1,\ldots,a_k,\ldots,a_p\}$，$m$ 個の製品 $U/A=\{E_1,\ldots,E_i,\ldots,E_m\}$, $D_j=\{x \mid d(x)=j\}$ とする r 個の決定クラス $\{D_1,\ldots,D_j,\ldots D_r\}$ がある。任意の条件属性 a_k は 1 つの写

像関数 $a_k(x) = v_k$ と属性値 V_{ak} の集合を持つ。決定属性 d は写像関数 $d(x) = v_d$ でその値 V_d を持っている。

同一製品は同じ属性値を持っているが決定は個人により異なっていることに注意しよう。各評価決定は製品の属性値のみでなく個々の評価者の認知，判断，イメージ，価値観などに依存しているからである。したがって，どの決定クラスに対しても下近似は存在しない。この決定表ではより多くの条件属性を使用しても，あいまいさが生じることに注意されたい。さらに，人間評価の決定クラスは異なる事前確率で生じると仮定される。したがって，ポジティブ領域（たとえば，魅力的な感性）に対する情報ゲインを導入して，確率近似された下近似と上近似を定義しなくてはならない。古典的ラフ集合理論からすると上近似の下近似と上近似の上近似となろう。

この評価データには少なくとも 2 つの重要な確率的側面がある。一つは製品の条件属性に依存して感性評価が生じる確率である。二つ目は感性評価の事前確率である。このような確率は人間の評価データでは受け入れられている。文献 [21][23][24] によると，次のようにこれらの確率は定義されている。

$$P(D_j \mid E_i) = \frac{card(D_j \cap E_i)}{card(E_i)} \qquad \text{（条件確率）}$$

$$P(D_j) = \frac{card(D_j)}{card(U)} \qquad \text{（事前確率）}$$

表 5.1 から表 5.2 を得る。

表 5.2　事前確率と条件確率

$P(D_0)$=0.40	$P(D_0\|E_1)$=0.6	$P(D_0\|E_2)$=0.2	$P(D_0\|E_3)$=0.0	$P(D_0\|E_4)$=0.8
$P(D_1)$=0.35	$P(D_1\|E_1)$=0.4	$P(\mathrm{D}_1\|E_2)$=0.6	$P(D_1\|E_3)$=0.2	$P(D_1\|E_4)$=0.2
$P(D_2)$=0.25	$P(D_2\|E_1)$=0.0	$P(D_2\|E_2)$=0.2	$P(D_2\|E_3)$=0.8	$P(D_2\|E_4)$=0.0

5.2.3　情報ゲインに基づくラフ集合アプローチ

ベイジアンラフ集合のパラメータ化バージョン（the parameterized version of Bayesian Rough Set model：BRS）[23][24] にしたがって，$P(D_j \mid E_i) > P(D_j)$ の場合の情報ゲインとして事前確率 $P(D_j)$ と条件確率 $P(D_j \mid E_i)$ の差分を考える。筆者らのこのモデルではこの情報ゲインを次のように定義する。

$$g(i, j) = \begin{cases} 1 - \dfrac{P(D_j)}{P(D_j \mid E_i)} & \text{if } P(D_j \mid E_i) \neq 0 \\ 0 & \text{if } P(D_j \mid E_i) = 0 \end{cases} \tag{5.1}$$

式 (5.1) は事前確率に比べて条件確率が大きくなるほど情報ゲインは大きくなることを意味している。情報ゲインは事前確率に相対して決定クラスへの条件属性の影響を評価することができるので，このアプローチは異なる事前確率を持つ人間評価データに応用することができる。式 (5.1) と類似の概念がマーケットバスケット分析 [2] で使用され，その意味は明らかである。

次の数値例によりこの情報ゲインが受け入れられることがわかるだろう。

1）$P(D_j) = 0.6,\ P(D_j \mid E_i) = 0.8 : g(i, j) = 0.25$

2）$P(D_j) = 0.2,\ P(D_j \mid E_i) = 0.4 : g(i, j) = 0.50$

ケース 1）とケース 2）では $P(\mathrm{D}_j)$ と $P(D_j \mid E_i)$ は同じ差分でもケース 2）がケース 1）よりも大きな情報ゲインを与えている。この事実は誰でも受け入れるだろう。式 (5.1) による情報ゲインの定義は筆者らの次の直観による。「$P(D_j)$ に対する $P(D_j \mid E_i)$ の増分は $P(D_j)$ が高いときよりも，低いときに大きな情報ゲインをとるべきであり，$P(D_j \mid E_i)$ が等しい増分でも $P(D_j)$ が高いときには情報ゲインは低くとるべきである」。類似の指標は文献 [23] で考察され，次のように定義されている。

$$g^*(i, j) = \frac{P(D_j \mid E_i) - P(D_j)}{1 - P(D_j)} \tag{5.2}$$

したがって，式 (5.2) を用いるとケース 1）では，$g^*(i, j) = 0.5$，ケース 2）では，

$g^*(i, j) = 0.25$ となる。この結果は式 (5.1) で得られる数値とは正反対になっている。開発したモデルは式 (5.1) の情報ゲインを用いて，より人間の評価データに適合するように開発されていることに注意されたい [9]。したがって，以下の近似領域も本モデルの式 (5.1) から導出されたものである。

式 (5.1) の情報ゲインはパラメータ β を用いてポジティブ領域（positive regions）を次のように定義できる。この領域は抽出しようと意図する感性（たとえば，「魅力的な」）に属す製品集合のことであると考えてよい。

$$POS^{\beta}(D_j) = \cup\{E_i \mid g(i, j) \geq \beta\} = \cup\{E_i \mid P(D_i \mid E_i) \geq \frac{P(D_j)}{1-\beta}\} \tag{5.3}$$

この近似領域は E_i が β で D_j におそらく属す領域である。ここで，$0 \leq \beta \leq 1\text{-}P(D_j)$，係数 $\frac{1}{1-\beta}$ は決定 D_j に対する証拠 $\{E_i\}$ の強さに関するパラメータである。たとえば，$\beta = 0$ では $P(D_j \mid E_i) > P(D_j)$ となり，$\beta = 0.5$ では $P(D_j \mid E_i) > 2P(D_j)$ となる証拠 $\{E_i\}$ を持つ。β を増加すると $POS^{\beta}(D_j)$ の領域は境界領域を縮小してより確実なデータを取り込むことになる。

ラフ集合の双対性 $NEG^{\beta}(D_j) = POS^{\beta}(\neg D_j)$ を用いると，ネガティブ領域（negative regions）は自動的に次のように定義される。

$$NEG^{\beta}(D_j) = \cup\{E_i \mid P(D_j \mid E_i) < \frac{P(D_j)-\beta}{1-\beta}\} \tag{5.4}$$

この領域は抽出しようとする感性にはおそらく属さない製品集合である。この近似領域は，E_i が β で D_j におそらく属さない領域を意味している。$NEG^{\beta}(D_j)$ は $P(D_j \mid E_i) < P(D_j)$ で $0 \leq \beta \leq 1\text{-}P(D_j)$ の条件の下で定義される。

したがって，$0 \leq \frac{P(D_j)-\beta}{1-\beta} \leq P(D_j \mid E_i) \leq \frac{P(D_j)}{1-\beta}$ から，次の境界領域（boundary regions）を持つ。

$$BND^{\beta}(D_j) = \cup\{E_i \mid P(D_i \mid E_i) \in \left[\frac{P(D_j)-\beta}{1-\beta}, \frac{P(D_j)}{1-\beta}\right]\} \tag{5.5}$$

この近似領域は E_i が β で D_j にも $\neg D_j$, にも，おそらく属さない領域を意味している。ポジティブ領域は証拠 $\{E_i\}$ が $\{E_i\}\rightarrow D_j$, であることの可能性が高いことを，また，ネガティブ領域は $\{E_i\}$ が $\{E_i\}\rightarrow\neg D_j$, であることの可能性が高いことを意味している。したがって，境界領域は上の 2 つの領域には決められない領域である。

$\beta = 0$, $\beta = P(D_j)$, $\beta = 1\text{-}P(D_j)$ の境界条件で 3 つの領域の特性を検証すると，$POS^{\beta}(D_j)$ と $NEG^{\beta}(D_j)$ は，ベイズ（Bayesian）確証の最小条件 $P(D_j \mid E_i) > P(D_j)$ と $P(\neg D_j \mid E_i) < P(\neg D_j)$ を充足していることが容易に確かめられる [1][24]。さらに，次のように定義できる。

$$
\begin{aligned}
UPP^{\beta}(D_j) &= POS^{\beta}(D_j) \cup BND^{\beta}(D_j) \\
&= \cup\{E_i \mid P(D_j \mid E_i) \geq \frac{P(D_j) - \beta}{1 - \beta}\}
\end{aligned}
\tag{5.6}
$$

この領域はネガティブ領域を除いた可能性領域を意味している。この領域は相当にあいまいなデータから有効なルールを抽出するためには，$\{E_i\}\rightarrow\neg D_j$ でないより多くのサンプルを必要とするという意味において，現実的適用においては重要である。なぜなら，$UPP^{\beta}(D_j) \supseteq POS^{\beta}(D_j)$ であるからである。この場合，β の増加は境界領域のデータを増やす。ここで，

$$
U = POS^{\beta}(D_j) \cup NEG^{\beta}(D_j) \cup BND^{\beta}(D_j) \tag{5.7}
$$

であり，β を変えることで，異なる確実性（certainty）と被覆率（coverage）の決定ルールを求めることができる。また，決定クラス，$D = \{D_1, \ldots, D_r\}$ は直交分割が存在している。

表 5.1 の例で，$\beta = 0.2$ の場合，以下のように D_0 は確率近似される。D_0 の決定クラスに属すのは製品 E_1 と E_4, D_0 でないクラスに属すのは E_2 と E_3 の製品で境界領域の製品はない。以上で製品がどの決定クラスに属するかの近似集合が決められたことになる。

次に，この近似集合を用いて決定ルールを求める。先に述べた「魅力的な」製品の例でいうと，「魅力的な」可能性の高い集合 $\{E_1, E_4\}$ と「魅力的でない」可能性の高い集合 $\{E_2, E_3\}$ とを対照し，表 5.3 のような識別特徴の識別行列を構成しブール推論（吸収法則）を適用することで，「魅力的でない」製品の可能性の高い集合になくて，「魅力的な」可能性の高い集合にある識別特徴をベイズ確証の最小条件を満たす決定ルールとして発見するのである。なお，本モデルでは識

別行列の構成に同値クラス E_i を用いる方法を提案しており，すべてこの方法で決定ルールを獲得している [9]–[12]。

表 5.3　近似領域からの識別行列

		$NEG^{0.2}(D_0)$	
		E_2	E_3
$POS^{0.2}(D_0)$	E_1	$(a_1=0) \vee (a_2=1)$	$a_3=1$
	E_4	$a_2=1$	$(a_1=1) \vee (a_3=1)$

表 5.3 に表 5.1 から確率近似された識別マトリックス $M^{\beta}{}_{ij}(D_j)$ を示している。マトリックス要素は式 (5.8) で与えられる。

$$M^{\beta}{}_{ij}(D_j) = \{\vee a_k = v_{ik} \mid a_k(E_i) \neq a_k(E_j), \forall a_k \in A\} \tag{5.8}$$

そして，$M^{\beta}{}_{ij}(D_j)$ に対して式 (5.9) の識別関数を構成して IF–THEN 決定ルールを求める。

$$POS^{\beta-rule}(D_j) = \bigvee_{E_i \in POS^{\beta}(D_j)} \bigwedge_{E_j \notin POS^{\beta}(D_j)} M_{ij}{}^{\beta}(D_j) \tag{5.9}$$

本モデルでは，同様の方法により $NEG^{\beta}(D_j)$，$BND^{\beta}(D_j)$，$UPP^{\beta}(D_j)$ から決定ルールを求めることができる。

5.2.4　双対 β－ラフ集合解析手法

筆者らは上記の KARS モデルのコンピュータプログラムを開発し，さらにモデルの現実的適用力を高めるために双対 β－ラフ集合解析手法（dual β-approximations rough sets method）を開発した [12]。この手法は $POS^{\beta}(D)$ による β-lower 近似と $UPP^{\beta}(D)$ による β-upper 近似を併用して用いることで獲得ルールの質を変えながらルールを獲得し，新たな知識発見につなげることである。β の値を $\beta = 0.0$ から $\Delta\beta$ ずつ増加させながら商品開発に有用な知識発見を支援することが主な役割である。具体的には，β-lower 近似は次第に近似の精度を厳しく（fine）して決定ルールの確実度を高めて，支持数は少ないが条件長の長い特殊なルールを求める。一方，β-upper 近似は β の値を増加させ，近似を緩く（coarse）してルールの確実度は低下するが，ルールに適合する支持数を増加させることでより一般的なルールを求めることができる。これらの特殊ルールも一般ルールも商品開発の上で非常に興味深いのであるが，支持数を増加させながら確実度もさほど低下させない β-upper 近似によって得られた相互作用のあるルールが実質的に興味深いルールとなるだろう。

この解析手法を用いることで，新しい感性 ― 商品属性知識の発見や潜在感性ニーズの発見などこれまでの手法では十分にできなかったことが可能である。なお，本手法と感性の平均値を用いた古典的ラフ集合の下近似，0.5 の確率での近似とを比較実験した結果，確実度，被覆率，決定ルールの質，獲得ルール数の減少などの性能評価でいずれも本手法が優れていた [12]。

5.3　ラフ集合モデルの商品開発への展開

5.3.1　商品開発への興味ルールと一般化ルールの発見：子供用シューズの感性開発

感性評価実験により 29 足の子供用シューズ（いわゆるトドラー）に対して 23 人の主婦が感性評価を 5 段階尺度の SD 法で行い評価データを得た。トドラーの設計に関連する感性ワードとして，「魅力的」，「動きやすい」，「デザインがよい」，「明るい」，「買いたい」などの 31 の感性ワードを用いた。狙いは感性ワード評価に対するシューズの属性値の影響を双対 β - ラフ集合解析手法により明らかにするとともに，この解析手法の有効性を検証することである。「魅力的」の感性ワードは他の感性，「動きやすい」，「デザインがよい」などを包含し商品購入行動の決定的感性とも考えられることから，ここでは，主婦にとっての魅力的な子供シューズの商品設計要素の識別特徴を決定ルールとして発見する部分について紹介する [12]。何が主婦にとって魅力的であるのかを IF-THEN ルールで発見するのである。

5.3.1.1　子供用シューズの属性・属性値表

表 5.4 は因子分析により見出された代表的な感性ワード「動きやすい」「魅力

的な」,「買いたい」の各ワードを分析するための属性，属性値表である。各ワードに対してそれぞれ 32，45，45 の属性値を用いた。属性はあらかじめラフ集合の属性縮約法（attribute reduction）を用いて，関連のない属性は計算の簡略化のために取り除いた。各属性値には定性的分析のためアルファベット記号を割り当てた。各感性ワードについて 667 の評価データを得た。この個人の感性データを 3.0 以上と 3.0 未満に分類してラフ集合分析のデータとした。ここでは「魅力的な」の感性ワードの解析結果のみ示す。「魅力的な」と評価した事前確率の推定は 0.54 であり総反応数は 350 で，「魅力的でない」の事前確率は 0.46 で総反応数は 317 であった。

表 5.4　子供用シューズの属性値と記号

	属　性	属性値	動きやすい	魅力的	買いたい
A1	調節	なし	A	A	A
		1 マジックテープ	B	B	B
		2 マジックテープ	C	C	C
		ジッパー	D	D	D
A2	靴のタイプ	スニーカー	E	E	E
		ハイカット	F	F	F
		スリッパタイプ	G	G	G
A3	基本色	赤		H	H
		ピンク		I	I
		黄		J	J
		グリーン		K	K
		青		L	L
		ネイビー		M	M
		黒		N	N
		白		O	O
A4	カラー配置	1 色		P	P
		2 色		Q	Q
		3 色		R	R
A5	装飾	キャラクター		S	S
		動物		T	T
		花 or 星		U	U

A5	装飾	ハート		V	V
		な し		W	W
A6	光物	付いている		X	X
		付いていない		Y	Y
A7	靴底	シンプル	J	a	a
		未加工	K	b	b
		スパイク	L	c	c
		波型	M	d	d
		浅い滑り止め	N	e	e
		深い滑り止め	O	f	f
A8	靴ひも	あり	P		
		なし	Q		
		前面	R		
A9	踵サイズ	小	S	j	j
		中間	T	k	k
		大	U	l	l
		なし	V	m	m
A10	つま先	カーブ	a		
		カーブなし	b		
A11	かかとの厚さ	厚い	c		
		厚くない	d		
A12	メッシュ	あり	e	q	q
		なし	f	r	r
A13	重さ	軽い	g	s	s
		中間	h	t	t
		重い	i	u	u
A14	靴底の硬さ	ソフト	j	v	v
		中間	k	w	w
		硬い	l	x	x
A15	中敷き	交換可能		y	y
		できない		z	z

5.3.1.2　双対 β-ラフ集合解析手法による決定ルールの発見

双対 β-ラフ集合解析手法を適用して，β を高めながら感性ルールを抽出するやり方で，$\Delta\beta = 0.1$ として $\beta = 0.3$ まで変化させた。β-lower 近似は β が増加するにつれてルールの特殊化を進め，信頼度が高く特殊なルールの発見に進む。一方，β-upper 近似では次第に一般化のルール発見に進む。まず β-lower 近似で得られた特殊性の高いルールを示す。発見されたルールはモデル解析で明らかにしたベイズ確証の最小条件の事前確率（*cer* = 0.54）を上回るものであった。こうして顧客の魅力的感性の内容が決定ルールの形で求まる。これを利用して顧客志向の感性商品開発に生かすことができるだろう。

(1)　魅力的な子供シューズの特殊ルールの発見

決定ルールにあてはまる反応数は少ないが，確実度の最も高い「魅力的」ルールは以下の通りである（表 5.5)。

*rs*1：IF（靴底がソフト)(光物なし)(1 色カラー)(パッド交換可能)(中間の重さ)　THEN 魅力的な

*rs*2：IF（靴底がソフト)(光物なし)(1 色カラー)(1 つのマジックテープ)　THEN 魅力的な

*sr*3：IF（靴底がソフト)(光物なし)(パッド交換可能)(1 つのマジックテープ)　THEN 魅力的な

表 5.5　特殊ルールの評価指標

	サポート（*supp*）	確実度（*cer*）	被覆率（*cov*）
*rs*1	37	0.804	0.103
*rs*2	37	0.804	0.103
*rs*3	37	0.804	0.103

これらの決定ルールは非線形性の強い条件長の長いルールで，予測確実度は 0.804 と事前確率（0.54）に比べてかなり高いがその支持反応の割合（coverage）は 10.3％ほどである。つまりシューズへのこだわりが強い少数の顧客（主婦）層の「魅力的」の識別特徴である。ここで顧客層とはシューズに対して着眼点の異なる層のことである。他のルールも似たような「靴底がソフト」を核として他の要素の加わった識別特徴要素数の多い特殊なルールであった。これらのルールを商品要素間の相互作用として検討するならば，特定の主婦の子供シューズに対す

る魅力がどこにあるのか読み取れよう。予測信頼度も高く比較的支持反応の高いルールは，以下のルールである。

*r*4: IF（靴底がソフト）（1 つのマジックテープ）（中間の重さ）　THEN 魅力的な
（*supp* = 67, *cer* = 0.728, *cov* = 0.186）

これも上記反応層と同様であるが少し条件の緩い顧客層である。いずれも，上記のルールは事前確率（0.57）を大きく上回りベイズ確証の最小条件はクリアしている。このような特殊なルールを商品開発エキスパートは一般的に必要としている場合が多い。

(2) 魅力的な子供シューズの一般化ルールの発見

次に β-upper 近似，つまり境界領域を少しずつ増加した場合であるが，$\beta = 0.3$ まで変化させた。β-lower 近似とは逆に，発見されるルールは次第に一般化される。以下に示す最も一般的なルールは「魅力的な」シューズと「魅力的でない」シューズを識別する一般的で非線形性のない基本的な特徴である（表 5.6）。

*rg*5: IF（中敷きが交換可能）　THEN 魅力的な

*rg*6: IF（スニーカタイプ）　THEN 魅力的な

*rg*7: IF（1 色カラー）　THEN 魅力的な

*rg*8: IF（1 つのマジックテープ）　THEN 魅力的な

表 5.6　一般化ルールの評価指標

	サポート（*supp*）	確実度（*cer*）	被覆率（*cov*）
*rg*5	306	0.544	0.850
*rg*6	288	0.569	0.800
*rg*7	188	0.584	0.522
*rg*8	184	0.615	0.511

最初のルール *rg*5 は「中敷きが交換可能」ならば 54.4％の確実度で魅力的な感じが生まれることを示している（事前確率 =0.54）。逆に魅力的とする評価のうち 85.0％は「中敷きが交換可能」を識別しているということである。逆ルール（被覆度 *cov*）を用いれば，主婦にとって魅力的な子供用シューズを開発する

には1つには「中敷きを交換可能」にすることであり，次が「スニーカタイプ」にすることが決定ルールからわかる。残りの2つのルールについても同様である。これら魅力的ルールは感性データの裏付けのある感性商品開発を進める上で基本的な要素である。

(3) 魅力的子供シューズの興味深いルールの発見

最も興味深いルールが得られるのはβ-upper 近似での相互作用ルールである。サンプルを増加させると一般的に単独条件ルールが得やすくなるのだが，それでも相互作用が発見されるのはかなり強い相互作用（識別特徴）が存在すると考えられるからである。

この例では，β-upper 近似で相互作用のあるルールは4つのみ得られた。属性間の相互作用が無視できず，しかも各指標がともに高いルールであり魅力的なシューズを開発するうえで最も興味深いルールとなるであろう。次に，支持数の順に興味深いルールを示す（表5.7）。

*rm*1:IF （メッシュがなく）（靴底がソフト） THEN 魅力的な

*rm*2:IF （2色カラー）（スニーカタイプ） THEN 魅力的な

*rm*3:IF （スニーカタイプ）（靴底がソフト） THEN 魅力的な

*rm*4:IF （靴底がソフト）（中間の重量）（中敷き交換可能） THEN 魅力的な

表5.7　興味ある決定ルールの評価指標

	サポート（*supp*）	確実度（*cer*）	被覆率（*cov*）
*rm*1	224	0.573	0.622
*rm*2	128	0.557	0.356
*rm*3	99	0.615	0.275
*rm*4	90	0.652	0.250

最も支持数が高いのが「メッシュがなく」&「靴底がソフト」の組み合わせのルールである。次が，「2色カラー」&「スニーカタイプ」の組み合わせルールである。これらは4つの「魅力的」に対する識別着眼点の異なる顧客（主婦）層が想定されることを意味している。子供シューズのマーケットも個性化，多様化が進んでいるが購入主体の主婦の視点をうまく捉えているといえるだろう。

感性を商品特性に造り込む技術からすれば，発見された顧客の着眼点を深く分析し，そこから生まれる新アイディアを加えて，面白い複数の着眼点を 1 つの商品設計に合成するのも一方法である。一般化ルールを「当たり前品質」，興味ルールを「魅力的品質」として考えることもできる。さらに，魅力的感性ワードを下方展開して下位感性ワードの解析をすれば，より詳細な展開ができ，また，本事例では紹介できなかったが「魅力的でない」の決定ルールを $NEG^{\beta}(D_j)$ から求めれば，重要な設計情報となると思われる。

このようにラフ集合の決定ルールを求めることで顧客の視点からの商品開発を科学的に進めることができる。商品開発者の創造力も商品イノベーション力もこのような顧客感性の科学的知識に支えられて初めて向上するものと思われる。以上の発見された決定ルールはすべて「魅力的な」の事前確率（0.54）を超えていて，ベイズ確証の最小条件を充足する決定ルールである。ラフ集合の β－下近似と β－上近似を双対的に用いることで，獲得される感性ルールの質を可変にして，魅力的シューズの特殊な購買層の識別商品属性，多数の購買層の一般的識別商品属性，さらに，興味ある識別商品属性を発見できることを示した。真に興味ある属性の発見は商品ドメインの感性知識が豊かなエキスパートであろう。本モデルの有効性も確認できたがさらにパラメータ設定の工夫により性能を向上することも今後の課題の一つである。

5.3.2　顧客の隠れた潜在感性ニーズを発見：ボールペン開発への展開

ここでは KARS モデルを顧客の潜在ニーズの発見のために使用する方法を紹介する [13]–[15]。このモデルはいろいろな多次元の相互作用の発見に適用できることを示す。目的は 40 個の感性ワードを主成分分析した主成分軸の感性意味空間における顧客の「魅力的感性ニーズ」の識別特徴，つまり何が魅力的感性の成分内容なのかを主成分軸の組み合わせとして求め，魅力的の意味（識別感性特徴）を深く隠れた感性ニーズとして発見することである。「魅力的」感性ワードは最も包括的な感性であり，顧客の購買行動に重要な感性と考えられる。なお，「商品企画」の分野では重回帰分析による方法が用いられている [3]。発見された主成分軸の組み合わせは感性意味空間上の潜在的な顧客ニーズの推定に役立ち，感性商品開発の基盤データを提供すると考えられるからである。

5.3.2.1　感性評価と感性ワードの主成分分析

評価対象製品は異なる会社から収集した 27 種のボールペンである。24 人の女子学生がボールペンの書き味を確かめながら，40 の感性ワードと 1 つの目標感性「魅力的」について 5 段階の SD 尺度で評価した。目標感性「魅力的な」を除き 40 の感性ワード評価から主成分を計算し，表 5.8 に示す 5 つの有効な主成分を得た。

ここでの目的は得られた 5 次元感性意味空間上で，魅力的な感性ニーズの方向を主成分軸の組み合わせとして求めることである。感性意味空間における主成分軸は要素的な感性ニーズを表現していて，これらの主成分軸の組み合わせから求められた方向は顧客のより深い隠された感性ニーズを表現していると仮定される。このように要素的な顧客ニーズが組み合わさった感性ニーズで，顧客が直接言葉で表現し難い感性ニーズのことをここでは「潜在的な顧客感性ニーズ」と呼ぶことにする。感性は急速に変化する側面と人間の比較的深い欲求に根差していてかなり長期的なスパンで持続する側面があると考えられ，感性商品開発では長期的な潜在的感性ニーズをしっかり捉えたうえで，急速に変化するマーケットに対応することが望ましいだろう。また，この段階での新たな顧客感性ニーズの発見が後の商品開発での新しい開発・設計要素の発見につながる可能性が高いからである。

感性ワードの主成分分析から表 5.8 の 5 つの主成分が得られた。先進的—実用的軸（A）は「先進的」,「遊び心のある」,「デザインがよい」,「スタイリッシュ」,「買い得な」,「手にとって見たい」などのワードで表現される軸である。きれい

表 5.8　主成分分析による感性ワードの主成分

主成分	固有値	寄与率 (%)	累積寄与率 (%)
先進的 (A1) — 実用的 (A2)	18.45	45.00	45.00
きれいさ (B1) — 使いやすさ (B2)	7.95	19.40	64.40
ヤングな (C1) — 高級な (C2)	4.29	10.46	74.86
親しみやすさ (D1) — 個性的 (D2)	2.81	6.86	81.72
シンプル (E1) — 機能的 (E2)	1.53	3.73	85.45

さ―使いやすさ軸（B）は「飽きない」,「使いやすい」,「握りやすい」,「操作しやすい」などのワードである。ヤングな―高級な軸（C）は「ヤングな」,「カラフル」,「色の調和がよい」,「エレガント」,「高級な」,「高価そうな」などである。親しみやすさ―個性的軸（D）は「見つけやすい」,「やさしい」,「スリム」,「個性的」などである。シンプルな―機能的軸（E）は「シンプル」,「曲線的」,「女性的」,「多機能」などである。

5.3.2.2　ラフ集合による潜在的感性ニーズの発見

目標感性「魅力的なボールペン」を説明するに十分な主成分空間における主成分軸方向の潜在的感性ニーズを発見する。各製品の主成分得点の符号（正負，たとえば A1 が正，A2 が負）の二分法（製品別の主成分スコアの符号，A ～ E）により条件属性を確定し，決定属性として「魅力的な」の感性評価の条件確率（魅力的とする商品別割合）とする表 5.9 の決定表を用いた。魅力的な感性の事前確率は 0.417 であった。5 次元で 2 方向あるのでその可能な組み合わせ総数は相当な数になる。ラフ集合解析手法（$\beta = 0.1$）を用いて獲得するルールは「魅力的な」ボールペンと「魅力的でない」ボールペンを識別する主成分軸の相互作用の潜在的感性ニーズである。

表 5.9　条件属性に主成分スコアを用いた決定表

製　品	A	B	C	D	E	評価者数	魅力的な
1	A1	B1	C2	D2	E1	24	0.500
2	A1	B1	C1	D1	E2	24	0.500
3	A1	B1	C2	D1	E2	24	0.542
4	A2	B1	C1	D2	E2	24	0.167
5	A1	B1	C1	D1	E2	24	0.417
6	A2	B1	C1	D2	E1	24	0.125
7	A1	B2	C1	D1	E2	24	0.417
8	A2	B1	C1	D2	E1	24	0.625
9	A1	B2	C2	D1	E2	24	0.417
10	A1	B2	C1	D2	E2	24	0.583
11	A1	B2	C2	D1	E2	24	0.458
12	A1	B2	C1	D2	E2	24	0.583
13	A2	B2	C2	D2	E2	24	0.125

14	A2	B1	C2	D2	E2	24	0.417
15	A1	B2	C1	D2	E2	24	0.458
16	A2	B2	C2	D2	E1	24	0.250
17	A2	B2	C1	D2	E1	24	0.375
18	A2	B2	C1	D1	E1	24	0.250
19	A2	B1	C2	D2	E1	24	0.417
20	A1	B2	C1	D1	E1	24	0.500
21	A1	B1	C1	D1	E1	24	0.583
22	A2	B2	C2	D2	E1	24	0.417
23	A1	B2	C1	D2	E2	24	0.458
24	A1	B2	C2	D1	E2	24	0.417
25	A2	B2	C1	D2	E1	24	0.375
26	A2	B1	C2	D1	E1	24	0.333
27	A1	B2	C2	D1	E1	24	0.375

表 5.10 はサポート（*Supp*）基準で獲得した β-lower 近似のラフ集合分析の結果を示す。4 つの潜在感性クラスターが得られている。*Supp* 基準は該当軸方向を「魅力的な」とする評価反応数で，効果基準（*Eff*）は 1.00 を超えると偶然確率（事前確率 0.417）を超えて効果があることを示している。顧客（女子学生）の多くは「先進的成分（A1）」の潜在感性ニーズが高いといえる。次が「親しみやすさ成分（D1）& 機能的成分（E2）」の感性ニーズで，次が「使いやすさ成分（B2）& ヤングな成分（C1）& 個性的成分（D2）」である。組み合わせが複雑になると言葉で表現することが困難になるがイメージとしては理解できる。最後のニーズは 3 番目の個性的（D2）が機能的（E2）に置き換わった感性ニーズである。

表 5.10　主成分軸の組み合わせとしての潜在感性ニーズ

主成分軸の組み合わせ	*Supp*	*Cer*	*Eff*
先進的（A1）	177	0.492	1.198
親しみやすさ（D1）&機能的（E2）	76	0.452	1.102
使いやすさ（B2）&ヤングな（C1）&個性的（D2）	68	0.472	1.150
使いやすさ（B2）&ヤングな（C1）& 機能的（E2）	60	0.500	1.218

このように「魅力的」潜在感性ニーズにはいくつかのクラスターがあり，これに基づいて感性商品の多様化も可能であるし，特定の潜在感性ニーズに集中し特定の顧客感性を中心とした効果的な商品開発ができるだろう。Okamoto, H., R [18] は同じ手法を用いたビール缶の解析で，感性マーケットセグメンテーションと感性商品開発について考察している。

この潜在感性ニーズを用いて次のステップで，開発感性コンセプト・設計要素をラフ集合解析で同様に変換するのだが紙数の関係でその結果だけを述べると，たとえば「使いやすい成分 & ヤングな成分 & 個性的成分」の潜在感性ニーズからは，「遊び心があり，多機能ではなく，高級でない」の開発感性コンセプトが得られた。現代の若者（女子学生）のボールペンへの潜在感性ニーズをよく捉えているといえるだろう。この開発感性コンセプトからの設計属性は「本体カラーが 2 色で，2 色機能」の他，「本体カラーが 2 色」にその他の要素が付加されたパターンが得られた。「4 色機能」「シャープペン付き」などの高機能要素は決定ルールには現れなかった [14][15]。このように，潜在感性ニーズから出発して開発感性コンセプト，設計属性へと展開するルールの発見は開発エキスパートの感性商品開発力を支援する。

以上のように，顧客志向商品開発へのラフ集合理論の適用は非常に強力であり，獲得されたルールは大部分が開発エキスパートにとって新知識であった。感性商品開発のエキスパート，商品販売担当者や商品を購入決定する顧客を支援する上で発見知識は役立つだろう。統計解析を補完するものとしてのラフ集合モデルの利用は種々の感性ニーズの発見，商品感性分析などに利用できるし，さらに，IF–THEN ルールを用いたラフ集合モデルベースの感性商品開発支援 AI システムの開発も期待できる。しかも，あいまいな感性のラフ集合モデル解析は面白い感性知識発見の連続である。

参考文献

[1] Greco, S., Matarazzo, B. and Słowiński, R.：Rough Membership and Bayesian Confirmation Measures for Parameterized Rough Sets, RSFDGrC 2005, LNAI 3641, Springer Verlag, pp.314-324, 2005.

[2] Hastie, T., Tibshirani, R., Friedman, J.：The Elements of Statistical Learning, Springer, Heidelberg, pp.440-447, 2001.

[3] 神田範明(編)：商品企画七つ道具 , 日科技連 , 2000.

[4] 長町三生(編)：商品開発と感性 , 海文堂 , 2005.

[5] Nagamachi, M：Kansei Engineering and Rough Sets Model, RSCTC 2006, LNAI 4259, Springer, pp.27-37, 2006.

[6] Nishino, T., Nagamachi, M. and Ishihara, S.：Rough Set Analysis on Kansei Evaluation of Color, Proceedings of The International Conference on Affective Human Factors Design, Asean Academic Press, pp.109-115, 2001.

[7] Nishino, T. and Nagamachi, M.：Extraction of Design Rules for Basic Product Designing Using Rough Set Analysis, Proceedings of 14th Triennial Congress of the International Ergonomics Association, pp.515-518, 2003.

[8] 長町三生(編)：商品開発と感性 , 海文堂 , pp.177-219, 2005.

[9] Nishino, T., Nagamachi, M. and Tanaka, H.：Variable Precision Bayesian Rough Set Model and Its Application to Human Evaluation Data, RSFDGrC 2005, LNAI 3641, Springer, pp.294-303, 2005.

[10] Nishino, T., Nagamachi, M. and Tanaka, H.：Variable Precision Bayesian Rough Set Model and Its Application to Kansei Engineering, Transactions on Rough Sets V, LNCS 4100, Springer, pp.190-206, 2006.

[11] Nishino, T., Nagamachi, M. and Sakawa, M.：Acquisition of Kansei Decision Rules of Coffee Flavor Using Rough Set Method, Kansei Engineering International, 5 (4), pp.41-50, 2006.

[12] Nishino, T., Nagamachi, M., Sakawa, M., Kato, K. and Tanaka, H.：A Comparative Study on Approximations of Decision Class and Rule Acquisition by Rough Sets Model: An application to the Design of Children Shoes, Kansei Engineering International, 5 (4), pp.51-60, 2006.

[13] Nishino, T. and Nagamachi, M.：Kansei Product Development based on the Extraction of Multilevel Decision Rules to Actualize Customers' Wants Using Probabilistic Rough Set Model, 1st International Conference on Kansei Engineering and Emotion Research, KEER 2007, 2007.

[14] Nishino, T., Nagamachi, M., Okuo, H., Ito, K. and Itami, T. : Rough set model and its application to kansei engineering, 1st European Conference on Affective Design and Kansei Engineering, 2007.

[15] 西野達夫：感性工学分析技術としてのラフ集合モデルとその応用 , 日本感性工学会論文誌 , 8 (1), pp.24-29, 2008.

[16] Nishino, T., Uematsu M. and Nagamachi, M. : Identification of Customers Kansei Needs and Design Pattern by Rough Set Approach, Transactions of Japan Society of Kansei Engineering, 8 (3), pp.471-479, 2009.

[17] Nishino, T. : Rough Set Theory and Kansei / Affective Engineering, pp.207-226, In Nagamachi, M. (eds) : Kansei / Affective Engineering, CRC press, 2010.

[18] Okamoto, H. R., Nishino, T. and Nagamachi, M. : Comparison between statistical and lower / upper approximations rough sets models for beer can design and prototype evaluation., 10th International QMOD Conference & First European Congress on Affective Design and Kansei Engineering, Sweden, 2007.

[19] Pawlak, Z. : Rough classification, International Journal of Man-Machine Studies, 20 (5), pp.469-483, 1984.

[20] Pawlak, Z. : Rough Sets Elements, In Polkowski, L., and Skowron, A. (eds.), Rough Sets in Knowledge Discovery 1, Springer, 1998.

[21] Pawlak, Z. : Decision Rules, Bayes' Rule and Rough Sets, RSFDGrC 1999, LNAI 1711, Springer Verlag, pp.1-9, 1999.

[22] Polkowski, L., Tsumoto, S. and Lin, T. Y. (eds.) : Rough Set Methods and Applications, Springer, 2000.

[23] Ślęzak, D., and Ziarko, W. : Variable Precision Bayesian Rough Set Model, RSFDGrC 2003, LNAI 2639, Springer Verlag, pp.312-315, 2003.

[24] Ślęzak, D. : Rough Sets and Bayes Factors, Transaction on Rough Sets III, LNCS 3400, pp.202-229, 2005.

第 6 章　遺伝的アルゴリズムと自動車室内設計への応用

感性工学システムの構築には，デザインする対象の物理的なスペックと人間の感性を結びつけるイメージデータベースの構築が必要である [1]–[3]。一般的な感性工学の手法でよく用いられる数量化理論 I 類は，線形式でデザインと感性の関係をモデル化しイメージデータベースを構築する。しかしながら，数量化理論 I 類は線形モデルであり，デザインと感性との間の非線形性を適切にモデル化することができないという問題点がある。そこで，ニューラルネットワーク，ラフ集合 [4]，自己組織化マップ，そして遺伝的アルゴリズム（Genetic Algorithm：GA）[5] といった AI 手法を用いて，感性の非線形性をモデル化することで，イメージデータベースを構築する試みがなされてきた。

筆者らは，遺伝的アルゴリズムを用いたファジィルール生成機構 FDTGA を提案した [6][7]。FDTGA は，決定木の形式で感性ルールを抽出することが可能であるという特徴を持っている。したがって，デザイン同士の相互作用（多重共線性）をモデル化することが可能である。そして，ルールの学習段階において木の成長（木のサイズ）を調整することで，不必要なデザイン要素をモデルから除外する変数選択の仕組みを有している。これらの特徴は，多変量の非線形データに対して有効である。

本章では，FDTGA を用いて車室内快適性に関する感性ルールを生成することを試みる。生成された決定木が，デザイン要素間の非線形性やデザイン要素の重要度を表していることを明らかにする。また，評価データを使った検証を行い，FDTGA が被験者による主観評価の値を精度よく予測できていることを確認する。

6.1　遺伝的アルゴリズムを用いた感性工学ルールの生成

決定木はいくつかの属性を持つ事例を分類するパターン識別問題でよく用いら

れる。特にID3等の決定木生成手法がよく知られており，非常にコンパクトなアルゴリズムで良好な解を得ることができる。しかし，ID3およびその拡張アルゴリズムは，事例の分類結果から情報量を算出し，それを規範とした局所的な判断を用いて分類基準である属性を決定するいわゆる山登り法である [8]。そのため，決定木の構造が考慮されず局所解に陥りやすい。つまり，決定木のノードとして選択された属性が分類に影響する度合いや，属性間の従属性といった要因が考慮されておらず，生成された決定木は一般化されているとはいえない。これに対して，FDTGAは決定木の構造学習にGAを適用することで，以下のような特徴を有する学習手法になっている。

まず，FDTGAは，決定木の生成を繰り返し行い，生成された木の構造を逐次的に学習する点が特徴的である。すなわち，ID3のように一意に決定木が生成されるのではなく，GAの探索能力を利用することで，さまざまな組み合わせが存在する広い探索空間を集団山登りのように探索し，適切な決定木を選択できる。次に，決定木の構造を部分的に保存し学習するため，探索効率がよいという特徴が挙げられる [9]。広い探索空間を対象とする際には，効率よく解を探索することが求められる。決定木の探索において，すべての決定木を構築し，最適な決定木を探索する場合，その探索効率はランダムサーチと同程度となる [10]。以前に生成した決定木の有効な部分構造は，他の決定木に採用されても有効となる場合がある。ここで，木の構造とは，分類基準となる属性の配置を意味する。FDTGAは，各属性，すなわち決定木の1つのノードを1つの染色体としてコーディングし，GAを使って学習する。このようにすると，染色体（属性）の連鎖が決定木の部分構造を表すことになる。部分構造を表すノードの連鎖は，染色体中の遺伝子によって定義づけられている。この定義により，有効な部分構造は，その部分構造の最上位の属性から連鎖している属性の集合で表されるため，学習の課程で染色体群に蓄積することができる。染色体はこのようにして部分構造を代表する構造として学習されるため，決定木の全探索が不要であり，探索は効率化される。したがって，事例数，属性数が多い大規模問題に対してもFDTGAは有効であるといえる。

6.2　FDTGA の学習アルゴリズム

FDTGA は，属性値と分類クラスによって記述された訓練事例と，染色体に対応するルール集合から決定木を構築する。事例集合を逐次分類することで事例を木構造に振り分けて決定木の生成を行う。そして，GA を用いて，決定木の構造を記述するルールを事例集合を使って帰納的に学習するアルゴリズムである。

ルールの構造

決定木を生成するために，各属性を 1 つのルールとし，そのルールを 1 つの染色体に対応させる。決定木はルールを組み合わせることで構築される。各ルールは，分類ルール，選択ルール，適応度の 3 つから構成されている（図 6.1）。

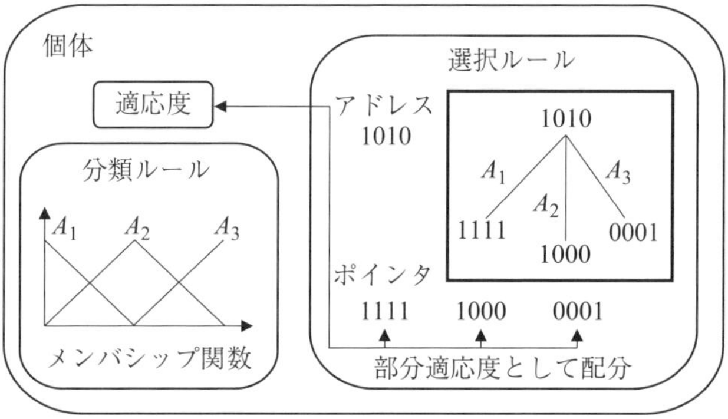

図 6.1　決定木構築に用いられるルール

(1)　分類ルール

分類ルールは，事例集合をファジィ分類する。属性に関する分割基準を，ファジィ変数を用いて定義し，それをメンバシップ関数で記述している。事例集合を分類するには，各事例の属性値の中から，分類しようとする属性に対応する属性値を分類ルールに入力する。入力された属性値が，どのファジィ変数と一致しているか，すなわちファジィ変数のメンバシップ値によって，ラベリングされるファジィ変数を決定する。この分類を事例集合すべてに対して適用することで，分類しようとする属性の各ファジィ変数に分類された部分事例集合が得られる（図 6.2）。

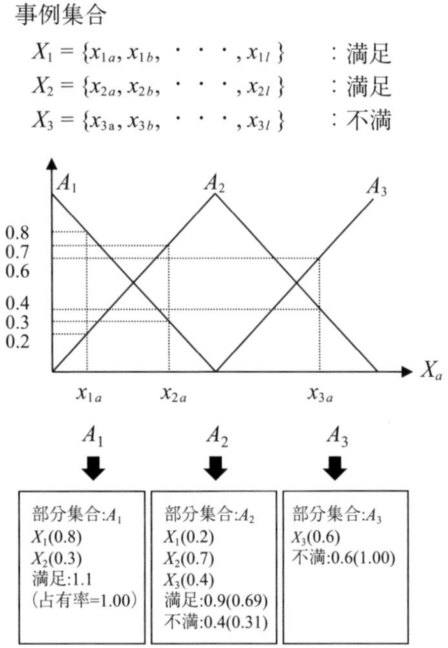

図 6.2　事例の分類

(2)　選択ルール

選択ルールは，分類ルールによって新しく生成された部分事例集合を，さらに分割する際に，ルール集合中のどのルールを選択するかを決める。したがって，選択ルールによってルールの連鎖，すなわち決定木の構造が定義されている（図 6.3)。選択ルールは，{0,1} のビット列で記述され，ルールのアドレスを表す部分と，他のルールへのポインタとなる部分からなる。ポインタ部は分類ルールの各ファジィ変数と対応しており，事例分割によって振り分けられる部分事例集合は，対応するビット列とマッチするアドレス部を持つルール 1 つによってさらに分割されることになる。遺伝的操作によって学習されるのは選択ルールのビット列である。ビット列が変化することで，ルールの連鎖も変化し，多様な構造を持つ決定木が生成できる。

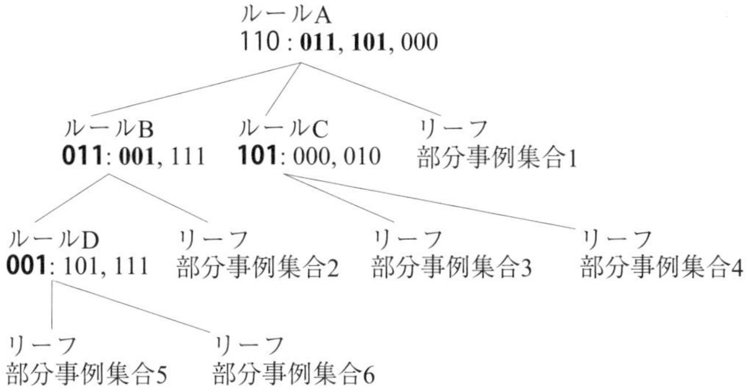

図 6.3　選択ルール

(3) 適応度

適応度は，ルール集合中での各ルールの有効性を表す。選択ルールのマッチングの際，複数のルールが競合した場合は，適応度の高いルールが優先される。

FDTGA のアルゴリズムを図 6.4 に示す。アルゴリズムは大きく分けて，決定木構築部とルールの学習部の 2 つのモジュールで構成される。決定木構築部は，決定木の構築と，構築された決定木の評価を繰り返し実行する。ルール学習部は，染色体に遺伝的操作を行い，ルールを再編成する。

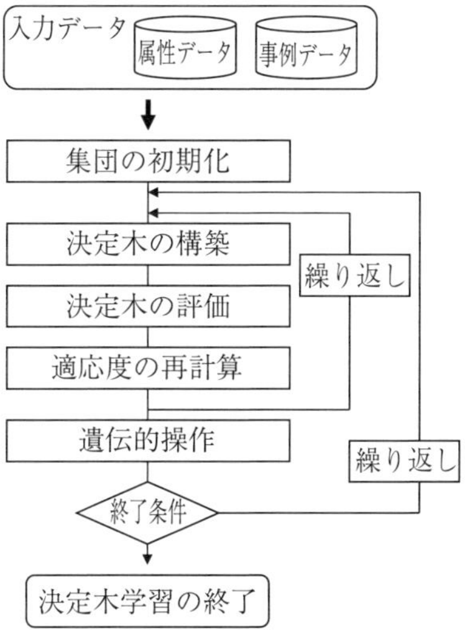

図 6.4　FDTGA のアルゴリズム

FDTGA の手続きは，まず乱数により初期選択ルールを生成する。決定木の構築を一定回数繰り返しルールの適応度が更新された後，その適応度をもとにルール学習部でルールを再編成する。決定木は構築，評価，ルールの再編成を繰り返すことで学習される。

決定木構築部は 2 つのモジュールから構成される。実際に決定木を構築する決定木構築モジュールと，構築された決定木の評価を行い，ルールの適応度を更新する適応度更新モジュールの2つを繰り返し実行する。

i）　決定木構築モジュール

与えられた訓練事例を分類し，決定木を構築する。決定木構築のアルゴリズムは以下のようになる。

Step1：任意のルールを1つ選択する。ここでは便宜上ルール集合中で最も適応度の高いルールを選択することとする。

Step2：選択したルールの分類ルールにしたがい，事例集合を部分事例集合に分割する。

Step3：分割された各部分事例集合について調べる。部分事例集合が

a）すべて単一の分類クラスの事例である。

b）任意の分類クラスの事例数がその集合全体の事例数の中で占める割合（占有率）が，一定の閾値（最低占有率）を上回っている。

条件aもしくはbを満たせば，そこで事例集合の分割は終了し，そのノードはリーフとなり，占有率が最も高い分類クラスをそのノードの分類クラスとし，枝の成長を終了する。

Step4：a），b）の条件を満たさなかった場合，選択ルールのポインタを参照し，マッチするルールをルール集合中から選択する。そのようなルールが複数存在する場合は，最も適応度の高いルールを1つ選択する。選択されたルールにしたがい，Step2以下を繰り返す。マッチするルールが存在しないときは，枝の成長を終了する。

Step5：すべての事例集合の分割が終了したら，決定木の成長を終了する。

事例集合の分割終了基準として用いられる最低占有率は，任意の分類クラスの事例が集合中に占める割合であり，設定値によって決定木のサイズを制御することができる。パラメータを高く設定すれば細かい分類がなされ，ノード数の多い大きな決定木が得られる。また，低く設定すれば，逆に小さな決定木が得られる。事例を分類する際に，過度に精度を要求すると，訓練事例にオーバーフィットした決定木が生成され，一般化された決定木にならない。事例集合に含まれる誤差をある程度許容することで，一般化された決定木を得ることができるので，最低占有率は，対象事例の誤差やデータのばらつきに応じて設定する必要がある。

ii）　適応度更新モジュール

決定木構築モジュールで得られた決定木は，分類された事例集合の分類結果

（占有率）によって評価される。事例集合は，分類ルールで分割されるが，結果として，同じ分類クラスに属する事例ごとに部分事例集合に分割されるならば，その決定木の分類精度は高いと評価できる。したがって，リーフノードに分類された部分事例集合は，任意の分類クラスで占められる占有率が高い，あるいは単一の分類クラスで構成されている場合に，適切な分類が行われたと判断できる。また，部分事例集合のサイズが大きいことは，より少ないルールで精度の高い分類が行えたことを意味し，決定木がより一般化されたルールで構成されていることを示している。

これらのことから，報酬（RW）を各リーフノード（n）に対して支給し，適応度を変化させる。事例集合の占有率が高い，すなわち精度が高い分類を行ったリーフノードには，多くの報酬が与えられる。そして，リーフノードから上位のルールに報酬を伝搬させることで，決定木を構成するルール全体の報酬を変化させる。リーフノードにおいて，部分事例集合の占有率が高かったのは，そのリーフノードを直接的に生成したルールだけではなく，リーフノードの上位にあるパス上のルールも貢献しているからである。したがって，報酬は一定の比率（S）で上位ノードに分配され，ルートからリーフに至るまでの一連のパスを構成するルールに対して報酬（F）を増減する（図 6.5）。報酬は，一定の占有率を上回るノードに対してのみ与えられ，それ以外のノードには，占有率に応じて報酬を減少させる。適切な分類を行ったリーフノードへのパス上のルールに対して評価を行うことで，ルール集合の連鎖を強化する。そのようなルールの集合は，決定木中の別の場所でも精度の高い分類を行う可能性が高いので，ルールの部分集合として保存することで，精度の高い決定木を獲得することができる [10]。

ルール学習部では，選択ルールに遺伝的操作を加えルールを学習する。各ルールの選択ルールと適応度を個体とし，遺伝的アルゴリズムを適用する。適応度の低い個体を数個選び，それらの選択ルールを更新する。評価値に比例した選択確率により，2 つの個体を選び，その個体を親として遺伝子の交叉を行う。また，ごく低い確率で突然変異を発生させ，選

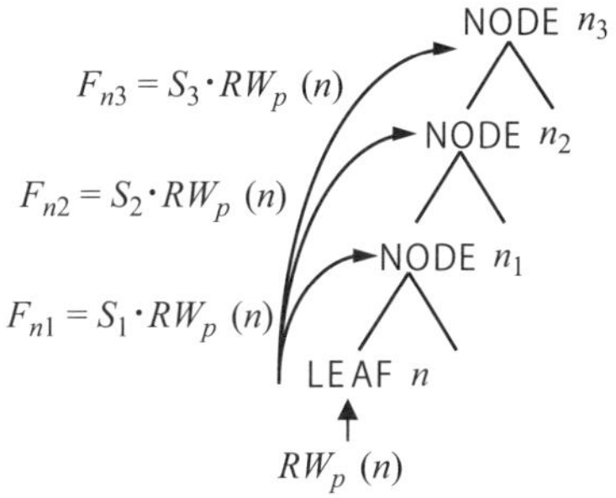

図 6.5　上位ノードへの報酬の分配

択ルールのビット列の {1,0} を反転させる。得られた新しい個体を，適応度の低い個体と入れ替えることでルールを更新する。決定木構築部において強化された部分構造を表すルール連鎖は，連鎖の先頭ルールのアドレスを参照することで，部分構造を取り出すことが可能となっている。すなわち，ルールの更新において，任意のルールの選択ルールが，有効な部分構造の先頭ルールのアドレスに変化したとき，有効な部分構造が他の部分にコピーされ利用されることになる。このようなルール連鎖の組み合わせが，数多く試されることで決定木が学習される。逆に，決定木全体の構造を直接コーディングするのではなく，染色体の連鎖として間接的にコーディングすることで，遺伝的操作によって有効な部分構造が保持され破壊されにくくなる。このような決定木の学習方法が FDTGA の特徴といえる。

6.3 車室内快適性の分析への応用

FDTGA を自動車の車室内快適性の分析に適用する。この分析の目的は，車室から受けるイメージと，車室の設計寸法との関係を明らかにすることである。車室は多数の設計寸法で構成されており，それらの組み合わせが車室空間のイメージに影響すると考えられる。ここでは，FDTGA を用いて，快適性に影響する設計寸法を抽出するとともに，それらの関係をモデル化する [10]–[12]。

分析に用いる感性評価データは，実車による車室内評価実験で得られた SD 評価データを使用する。実験では，サンプル 20 台を 41 名の実験協力者が 5 段階 SD 尺度法 [13] を用いて評価した。感性ワードは，自動車開発に関する形容詞 100 語を用いた。評価値は，実験協力者 41 名の平均をとり，サンプル 20 台，形容詞 100 語の得点を算出して用いた。さらに，形容詞の得点を 5 段階に分割し，20 台のサンプルを各々 5 クラスに分類した。また，サンプルには，あらかじめ計測した 62 の設計寸法が与えられている。62 個の設計寸法の分布からファジィルールに使われるメンバシップ関数を作成し分析に使用する。各寸法を，値のばらつきを参考にして 3 ～ 5 個のカテゴリに分割し，各カテゴリにファジィ変数を設定した。

選択ルールはファジィ変数の個数と同じ個数分のビット列を設定した。

今回の分析では，100 語の感性ワードから自動車の快適性と関係が強いと考えられる 2 つの形容詞，「広々とした」「圧迫感のある」について分析を行った。決定木の成長を制御する最低占有率の設定値は 0.7 とした。

事例データを入力として，FDTGA を用いて学習された決定木が図 6.6，図 6.7 である。図の決定木における分岐ノードのラベルは，設計寸法を意味し，それぞれルールによって記述されている。上位ノードの設計寸法は，ルール集合の中で，適応度が相対的に高かったと予測できる。リーフノードにラベリングされた {1, 5} の数値は分類クラスを表す。番号が大きいリーフノードほど，対応する感性ワードの評価値が高いことを意味している。決定木の枝に与えられている記号は，設計寸法のカテゴリに対応するファジィ変数を表しており，添字の数値の大

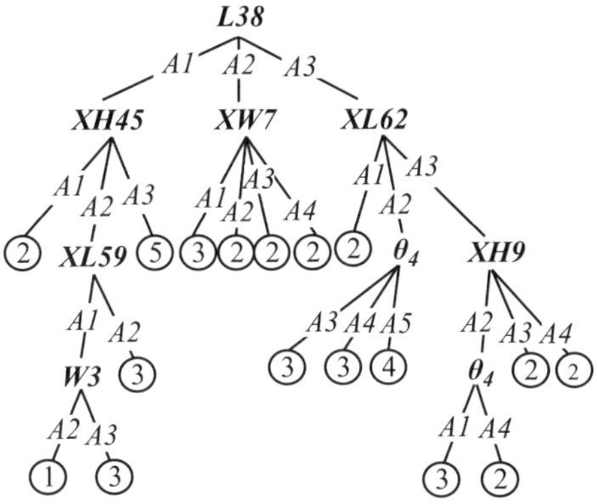

図 6.6 「圧迫感のある」で作成された決定木

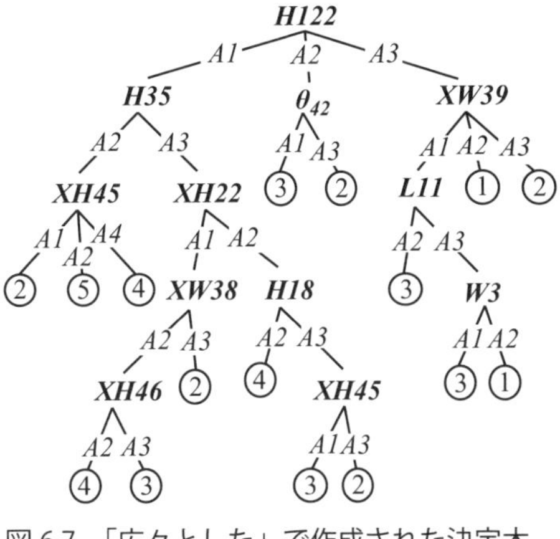

図 6.7 「広々とした」で作成された決定木

きさが寸法の大きさに対応している。これらの決定木の事例データに対する分類精度は「圧迫感のある」「広々とした」のそれぞれで 100%，95%であった。

図 6.6 は，形容詞「圧迫感のある」の評価データを用いて学習し得られた決定木である。この決定木のルートノードには寸法 ***L38*** が採用されている（図 6.8)。したがって，***L38*** はルール集合中最も適応度が高く，車室から受ける圧迫感に強く影響を及ぼす寸法であることがわかる。一方，図 6.7 は形容詞「広々とした」の評価データを使用し，決定木の生成を行った結果である。この決定木には，***H122*** がルートノードとして採用されていることから，寸法 ***H122*** は形容詞「広々とした」に対し強く影響していると考えられる。

6.4　獲得された決定木からの考察

図 6.6 の決定木において，最も「圧迫感がある」と感じる度合いを表す分類クラス 5 がラベリングされたリーフに注目してみる。このノードに至るまでには，ルートから {***L38→XH45→***} のルールが採用されている。このパスに対して「寸法 ***L38*** が小さく（*A1*)，***XH45*** がやや大きい（*A3*）とき，車室から圧迫感を感じる（クラス 5)」といった言語的解釈をともなったファジィルールを抽出することができる。このように結果が決定木の形式で出力されるため，言語的解釈も可能であり，獲得される知識は直感的に理解しやすいものといえる。このようにして抽出されたルールに対しては，次のような解釈を行うこともできる。***L38*** は Eye-Point 付近からフロントウインド上部，***XH45*** は着座基準点から Eye-Point ま

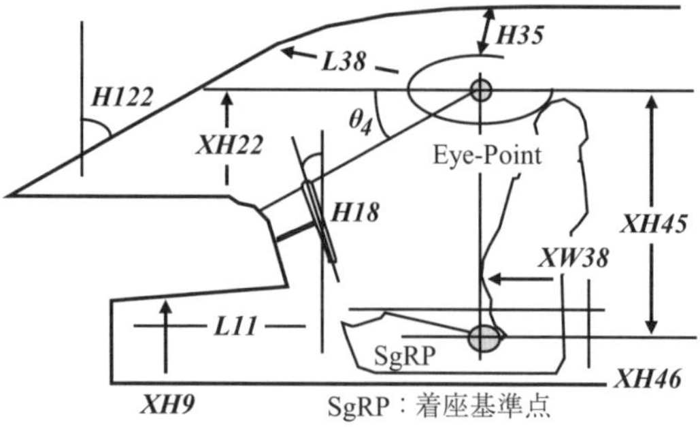

図 6.8　車室内設計寸法

での距離を表す（図 6.8）。つまり「目の前からフロントウインド上部までの間隔が短く，Eye-Point の位置が高いとき圧迫感を強く感じる」と解釈できる。このような車室は，視界が圧迫された状態になっており，視覚的な圧迫感をもたらすと考えられることから，得られた結果は我々の直感的判断と一致する。

一方，図 6.7 の決定木をルート部分から観察してみると，寸法 ***H122*** のラベル *A3* から連鎖する右側の部分木には，分類クラスの値が小さいリーフが多く見られ，ラベル *A1* から連鎖する左側の部分木には，分類クラスの大きなリーフが多い。このことから，寸法 ***H122*** を小さく取ると「広々感」が感じられ，大きく取れば狭く感じることがわかる。クラス 5 がラベリングされたリーフへのパスには {***H122***（*A1*）→***H35***（*A2*）→***XH45***（*A2*）→ クラス 5} のルールが採用されている。したがって，これらの設計寸法の組み合せは，車室の「広々感」を増すといえる。また，***H122*** は前方，***H35***，***XH45*** は人間の着座位置における垂直方向の設計寸法である。***H35***，***XH45*** の寸法は，片方を大きく取ればもう一方を小さく取らなければならないという互いにトレードオフの関係にある。また，ルートノードにおいて ***H122***，すなわちフロントウインドの角度が小さい（フロントウインドが立っていて視線方向にスペースがある）というルールが適用されているので，立ったフロントウインドでは頭上のスペースを大きく取るよりも，Eye-Point の高さを標準もしくは少し高めにする方が快適に感じることを示している。このルールの解釈は，フロントウインドの傾斜が大きい，いわゆるセダンタイプの車では，Eye-Point を高く取れば広く感じるという関係を表しており，我々の感覚と一致するものである。また，図 6.6 の結果と比較すると，Eye-Point が高いというルールは一致するが，前方スペースが広い場合と狭い場合で逆の関係になることがわかった。これは「広々感」「圧迫感」の感性において，Eye-Point の高さと前方スペースというデザイン要素に交互作用があるためと考えられる。また，得られた決定木全体からいえることは，ほとんどのルールは「垂直方向」と「水平方向（前方）の寸法」もしくは「フロントウインドまでのスペース」の組み合わせで構成されており，特に垂直方向の寸法が多く採用されている。これらの要素が「広々感」「圧迫感」に強く影響することはよく知られている。以上の結果から，FDTGA を用いて設計寸法の組み合わせの影響を発見でき，水平方向より垂直方向の寸法が車室の広々感に深く影響するという変数の重要度を学習することができたといえる。また，学習されたモデルを使って，設計寸法から「広々感」

「圧迫感」を評価することが可能になる。

次に，学習データとして使用した実験参加者の感性評価値（SD 評価データの平均）と，FDTGA によって得られた決定木を用いて予測した結果を比較した。20 台の自動車サンプルに対する 41 名の実験参加者の評価の平均値を [1, 5] にスケール調整した。一方，決定木から得られる事例の分類結果は，各クラスへの帰属度（メンバシップ値）で与えられる。これは，ファジィ決定木により，サンプルである自動車が複数のリーフにファジィ分割されているからである。したがって，分類結果をもとに分類クラスに対応するファジィ変数の重心をとり，評価値の予測値を算出した。表 6.1 は，20 台の車の「広々とした」に対する感性評価値

表 6.1 「広々とした」に対する感性評価値と FDTGA の予測値の比較

順　位	実験参加者の感性評価値		FDTGA による評価値	
	サンプル No.	SD 評価値	サンプル No.	予測値
1	Car 7	5.00	Car 7	4.99
2	Car 10	4.46	Car 10	4.45
3	Car 12	4.21	Car 12	4.20
4	Car 6	3.55	Car 6	3.55
5	Car 3	3.41	Car 3	3.40
6	Car 18	2.92	Car 18	2.93
7	Car 15	2.74	Car 15	2.73
8	Car 4	2.64	Car 4	2.59
9	Car 17	2.55	Car 17	2.59
10	Car 5	2.55	Car 5	2.56
11	Car 1	2.46	Car 1	2.38
12	Car 14	2.36	Car 11	2.19
13	Car 11	2.21	Car 19	2.19
14	Car 20	2.21	Car 14	2.15
15	Car 19	2.15	Car 20	2.15
16	Car 2	1.85	Car 13	2.15
17	Car 13	1.79	Car 2	2.01
18	Car 9	1.69	Car 9	1.68
19	Car 8	1.46	Car 8	1.45
20	Car 16	1.00	Car 16	1.01

と，FDTGA で得られた決定木の分類結果にもとづいた予測値である。12 ～ 17 位で多少順位の入れ替わりがみられるが，この比較結果をみると，得られた決定木が精度よくサンプルを分類できていることがわかる。20 台の車について，感性評価値と FDTGA の予測値の相関は $r = 0.99$，順位ではスピアマンの順位相関が $r = 0.93$ であった。この結果から，FDTGA の推論精度が非常に高いことがわかった。

6.5　まとめ

本章では，遺伝的アルゴリズムを用いたファジィ決定木生成機構 FDTGA を用いて，自動車の快適性に関する決定木の学習を行った。得られた決定木は，自動車の快適性を表現するための重要な要素である，垂直方向と水平方向の設計寸法の組み合わせ（交互作用）を表すことができた。これらの寸法は，視点の高さとフロントウインドの位置関係を示しており，視覚的な要因に強く影響される。よって，得られた決定木から視覚的な「圧迫感」「広々感」の要因を抽出できたと考えられる。また，これらの関係は対象とする感性ワードを変えても同様に抽出することができた。つまり，FDTGA が車室内快適性の構造的な要因を学習することができたと考えられる。そして，得られた設計寸法間の関係は，自動車の車室スペースに関して一般に考えられている概念と一致するものであった。よって，FDTGA により人間の感性に強く影響する要因を抽出でき，それらをモデル化できたといえる。また，FDTGA の構造学習の結果，デザイン要素間の交互作用をうまく表現できていることが示された。一方，評価データを用いて検証した結果，実験参加者による快適性の評価と推論結果がほぼ一致することがわかった。推論精度の面でも FDTGA の能力の高さが示された。以上，FDTGA を用いて，自動車の車室内快適性と設計寸法の関係の分析に適用し，分析結果について考察した。この結果から，本分析に FDTGA を用いることで，精度の高い結果が得られたといえる。

（注）本システムは日本の A 社のコンパクトカー室内設計に実用化されたものである [14]。

参考文献

[1] 長町三生：感性工学 — 感性をデザインに活かすテクノロジー , 海文堂 , 1989.

[2] 長町三生編：商品開発と感性 , 海文堂 , 2005.

[3] 長町三生：感性工学の研究 , 中本印刷 , 2001.

[4] 森典彦 , 田中英夫 , 井上勝雄編：ラフ集合と感性 — データからの知識獲得と推論 , 海文堂 , 2004.

[5] David E. Goldberg：Genetic Algorithms in Search, Optimization, and Machine Learning, Addison-Wesley, 1989.

[6] Toshio Tsuchiya, Tatsushi Maeda, Yukihiro Matsubara, Mitsuo Nagamachi：A Fuzzy Rule Induction Method using Genetic Algorithm, International Journal of Industrial Ergonomics, Vol.18, No.2-3, pp.135-145, 1996.

[7] 土屋敏夫 , 松原行宏 , 長町三生：遺伝的アルゴリズムを用いた感性工学ルールの生成機構 : FDTGA, Human Interface News & Reports, Vol.10 (SICE'95), No.3, pp.395-400, 1995.

[8] John Ross Quinlan：Learning Efficient Classification Procedures and Their Application to Chess End Games, Machine Learning, Morgan Kaufmann, pp.463-482, 1983.

[9] Lashon B. Booker, David E. Goldberg, John H. Holland：Classifier Systems and Genetic Algorithms, Artificial Intelligence, Vol.40, No.1-3, pp.235-282, 1989.

[10] Toshio Tsuchiya, Yukihiro Matsubara, Mitsuo Nagamachi：A Development of Kansei Engineering System for Designing Automobile Interior Space, Human Factors in Organizational Design and Management – V (ODAM'96), pp.19-24, 1996.

[11] Mitsuo Nagamachi：Successful points of kansei product development, 7th International Conference on Kansei Engineering and Emotion Research, KEER2018, Kuching, Malaysia, 2018.

[12] 土屋敏夫 , 松原行宏 , 長町三生：遺伝的アルゴリズムを用いたファジィ決定木の構造学習 , 日本ファジィ学会誌 , Vol.9, No.6, pp.100-107, 1997.

[13] C.E. Osgood, G.J. Suci, P.H. Tannenbaum：The Measurement of Meaning, University of Illinois Press, 1957.

[14] Chitoshi Tanoue, Kenji Ishizaka, Mitsuo Nagamachi：Kansei Engineering: A study on perception of vehicle interior image, International Journal of Industrial Ergonomics, Vol.19 No.2, pp.115-128, 1997.

第7章　呉 お宝トリップ・ソーシャルメディア分析

通常の観光案内は，その地方の主だった観光地を写真等で提示し，観光客が自分で選択する形式である。

よく知らない客が予想で選択した観光地に魅力を感ぜず，失望して帰ることも多い。本アプリは観光客の趣味・興味・生活スタイルや家族連れ等の判断から，当事者に最も興味が持てる観光地を選んで，観光の満足感を最大にすることを狙いとした，世界で初めての人工知能観光案内である。

7.1　感性調査の実施と分析

観光は，年齢性別問わず重要な産業であり，文化でもある。日本観光振興協会によれば，2010年の段階で，国内旅行者の42%は60歳以上，支出金額も同様の割合である。内閣府の平成23年（2011年）度高齢者の経済生活に関する意識調査結果では，「(夫婦が）今後，優先的にお金を使いたいと考えているもの（3つまで複数回答)」の質問に対して，60歳以上では「健康維持や医療介護のための支出」42.8%についで，旅行が38.2%となっている。55～59歳では「旅行」が43.7%で最も多い。

観光については，就業年齢を過ぎた人たちが，上に述べたようにかなりの比重を占めるが，だからといって，高齢者だけがターゲットではなく，さまざまな年齢層の人々が，どのような好みと目的があるかを把握しないことにはプロモーションにならない。本章で述べるのは，広島県呉市の観光についての研究と，研究結果を用いた案内システムに関する一連の取り組みである。

呉市は，明治時代から造船，特に軍事関係の造船を目的として大きく開発，発展してきた。旧海軍造船工廠を引き継ぐ造船工場など，第二次世界大戦前からの多くの設備が修理改善を重ねつつ，いまも現役で使われている。また，現在は海上自衛隊の基地となっており，特に潜水艦基地は間近に潜水艦を見られることもあり，他に類を見ない。海上自衛隊の資料館である鉄のくじら館，市営の大和ミュージアム，旧海軍の鎮守府に関連する施設など，観光客を引きつける施設がたくさんある。

表 7.1　観光客への質問項目

性別，年齢，住所（県）
旅行の目的
興味と趣味
旅行に期待すること
旅行の移動手段

2014 年 12 月に，筆者らは大和ミュージアム前で，観光客を対象にアンケート調査を行った。質問項目は，表 7.1 のとおりである [1]。

まず，質問間の相関構造を見るために，主成分分析を行った。図 7.1 と図 7.2 は，主成分分析の結果を示している。相関係数の上位 10%である，r > 0.20 以上の関係がある項目同士を線でつないでいる。

主成分負荷量を用いて，旅行の目的の項目の相関構造を 65 歳以下と，66 歳以上に分けてプロットした。この結果から有用な情報が読み取れる。両者を比較し

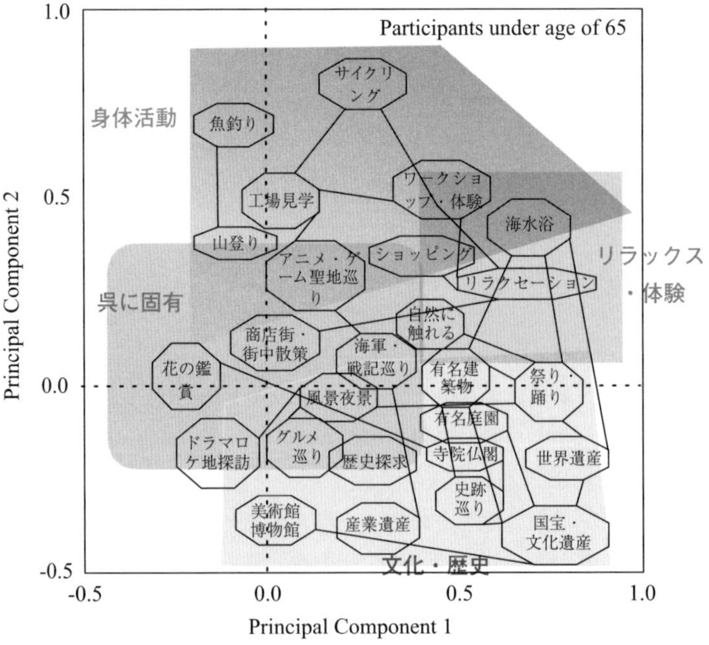

図 7.1　65 歳以下の旅行目的（主成分分析，主成分負荷量をプロット）

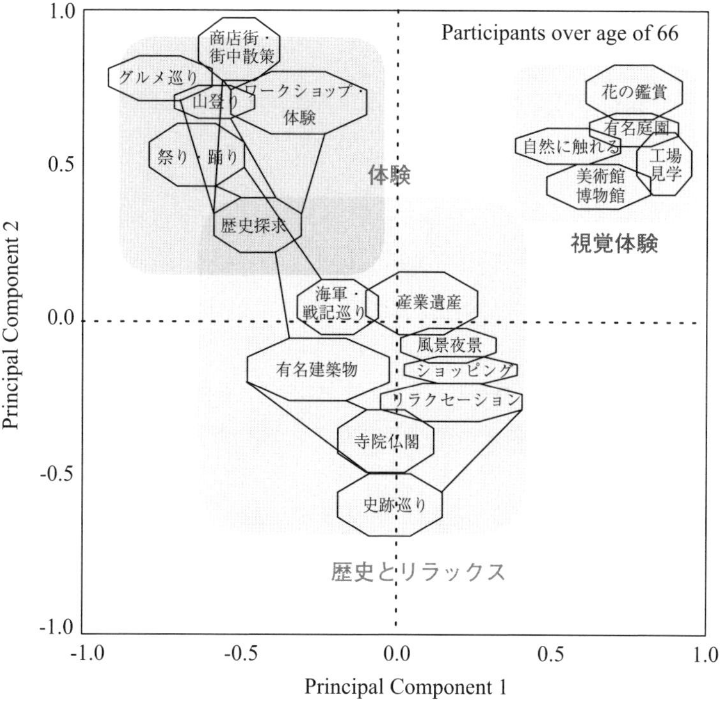

図 7.2　66 歳以上の旅行目的

てまずわかるのは，66 歳以上では，目的が明らかに 3 つのクラスターに分かれているということである。

分析の原理から考えてみる。主成分分析は，相関構造の縮約である。相関構造は，ある回答者が，A という項目にチェックをつけ，B という項目にもチェックをつければ，それらの間に共起の関係が +1 されるという項目間の関係から出発している。後に出てくる，テキストマイニングも，概念間の関係は同様の共起カウントから始まる。66 歳以上の回答が，クラスターに分かれているということは，同一クラスター内の目的どうし，たとえば史跡巡り，神社仏閣，有名建築物は，同じ人物が訪ねる可能性が高い。一方，別のクラスターに属する活動，たとえばグルメ巡りや自然に触れる，といったものはあまり実行しないだろう。

65 歳以下の結果は 66 歳以上と比べると，さまざまな目的が密集していて，明確なクラスターを形成していないことがわかる。あわせて，上位 10% 以上相関係数の線も多数の項目がつながれていることがわかる。このことから，65 歳以下の観光客は，旅行の目的について関心が広く，66 歳以上に比べて，さまざまな活動に興味を持ってくれる可能性が高いことを示している。

目的の内容について注目してみると，66 歳以上は，左上のクラスター（商店街・街中散策，グルメ巡り，ワークショップ・体験，山登り，祭り・踊り）は，身体的活動分の多い体験としてまとめられる。歴史探求は，その下の歴史とリラックスのクラスターとも関係が深い。歴史とリラックスクラスターは，海軍・戦記巡り，産業遺産，有名建築物，史跡巡り，寺院仏閣，風景夜景，ショッピング，リラクセーションがかたまっている。このクラスターは歴史関係に興味があり，身体活動に関する部分はリラクセーションやショッピングと，ごく軽いものだけが入っている点が重要である。右上のクラスターでは，花の鑑賞，有名庭園，自然に触れる，工場見学，美術館・博物館と，視覚的な体験を志向している。

65 歳以下では旅行目的の項目は，上に述べたように互いに相関が高い。図の色分けは，66 歳以上のクラスターを参照して，おおまかな傾向を示したにすぎない。66 歳以上では回答がなかった中程度から高程度の身体活動である，サイクリングや魚釣り，海水浴の項目が現れている。その結果，身体活動がより大きなグループを形成している。また，これも 66 歳以上ではなかった，アニメ・ゲーム聖地巡り，ドラマロケ地探訪が出てきていて，呉特有の要素が増加している。下の文化・歴史のところでも，国宝・文化遺産，史跡巡りが出てきている [1]。

これらの感性工学による調査研究の一方，長町三生を編集委員長とした，呉市主催，市民による観光，文化資源発掘プロジェクトによって観光スポットが挙げられ，「呉の魅力・お宝 90 選　第 1 ～ 5 巻」（https://www.city.kure.lg.jp/soshiki/7/otakarabon-hanbai.html）として出版された。

これらによって挙げられた観光スポットの地図上の正確な位置を調べ，解説と写真を付加し，感性工学の分析結果をレコメンデーションのルールとして，呉の観光案内システムである「呉 お宝トリップ」（https://kureikonavi.appspot.com）を 2017 年より運用している。

このシステムは，日本語，英語，韓国語，中国語簡体字，中国語繁体字の 5 言語に対応している。感性工学調査分析結果は，レコメンデーションのルールとして，観光スポットのカテゴリー分けや，内部のデータ構成に活用している。

スマートフォンでも PC のブラウザーでも使えるように，レスポンシブデザインで設計している。システムはデータストレージもサーバーサイドプログラムも，Google Cloud Platform のクラウド上で動いている。主なシステム記述言語は Python である。

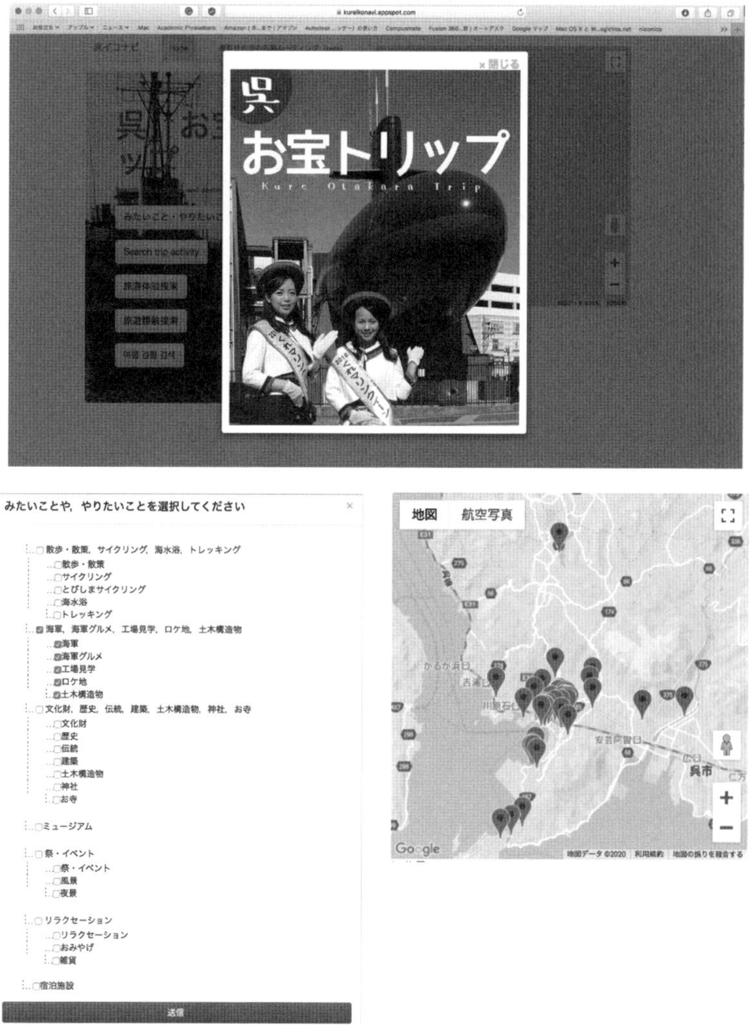

図 7.3　「呉 お宝トリップ」システムの画面①

図 7.4 「呉 お宝トリップ」システムの画面②

Welcome ポップアップの後，調査結果から組み立てた，やりたいアクティビティや目的についてのチェック画面がでる。複数項目選択や，カテゴリーをまたいだ選択も自由にできる。そこから，おすすめ度の高いアイテムが，Google Map 上に表示され，同時に説明が写真とともに表示される。行きたいところで，「Google Map で案内」を押すと，ナビゲーションが開始される。

また，現在 β 版での提供だが，複数箇所の最適ルーティングの機能も実装している。ワンデートリップの開始地点，たとえば呉駅から始まって，行きたいところ数か所を指定して，また呉駅に戻るといった最適化されたルートの表示も可能である。

7.2　Twitter テキスト分析によるトレンド解析

前節で説明した，綿密に調査分析されたレコメンデーションシステムは観光のプロモーションに大変有用である。観光のスポットは固定されたものが大半である一方で，季節ごとやイベントなど，観光の要因はどんどん変化していく側面もある。これらをキャッチアップするために，SNS での話題を分析することとした。

Facebook や Instagram など，人気の SNS サービスはいくつもある中，Twitter は，他と大きく異なる特徴が 2 つある。1 つ目は，1 つの書き込みの短さで，発足当初から長い間すべての言語で 140 文字に限定されていた。2017 年 11 月，ヨーロッパ系言語については 280 文字に拡張されたが，日本語，中国語，韓国語は未だ 140 文字に限定されている。その短さのせいで，文字通り言葉足らずで，さまざまな誤解も生みやすい一方，その場で書くというリアルタイム性も確保している。もともと，Twitter は写真もムービーも書き込みに付加することができず，外部のサービスを組み合わせるしかなかった。それらのサービス会社を買収することでそれらは徐々に可能になっていったが，簡潔な文章主体でいいたいことを伝えるスタイルはいまだに変わらない。この特徴がテキスト分析には都合がよい。

2 つ目は，リツイートという特徴的な機能がある。誰かの書いたツイートが気に入って，自分をフォローしている人たち（フォロワー）にも見て欲しければ，リツイートすれば，目にはいるようになる。この機能により，高速に多くの人に情報が拡散されていく。分析する側から見ると，どのような情報が興味を持たれているのかを，計量的に見ることができる。その一方で，少数の人しか興味を持たないかもしれないが，ユニークな話，深みのある情報や意見は，それほど目立たなくなるという弊害もあり，この点については，7.2.8 項でまた触れる。

7.2.1 Twitter ツイート分析の準備

ツイート収集：2016 年 12 月 19 日から 2018 年 8 月 18 日まで，“呉”の文字が入っているツイートを収集した。自動化サービスのサイト IFTTT.com から，1 分間に 1 回，Twitter API に対して検索リクエストを出し，そこで返される該当するツイートを，Google Drive のシートに記録するスクリプトを書いた。上記期間，IFTTT にて実行され続けていた。

ツイートの前処理にはかなりの手間を必要とした。たとえば，2016 年 12 月 19 日には，“呉”を含むツイートは 3553 件あった。収集した期間，1 日に約 2600 ～ 4700 ツイートが記録された。

1 つ大きな問題は，“呉”は，三国志関連のツイートで多数出現する。ゲームや漫画など，さまざまな形で作品化されている三国志なので出現数も多い。たとえば，“蜀”と一緒に出てきたら間違いなく三国志であり，そのように関連する単語を検索しては，処理範囲から外すようにフィルタリングを行ったが，この前処理に大変な手間を要した。どの単語が同じツイートに出現したら三国志関係であるかは，ある程度は予測できても，結局はしらみつぶしに人間が判定していくしかなく，1 日分のデータの前処理に 2 日かかったりした。この問題の解決については，後に述べる。

7.2.2 単語ベーステキストマイニングの分析手法

最初に，ツイートを品詞単位の形態素に分解する。これには MeCab（http://taku910.github.io/mecab/）を使った。作者は奈良先端科学技術大，現在 Google の工藤拓博士である [2][3]。

次に，単語と単語の間の共起確率を計算する。基本的なアイディアはシンプルで，ある単語があるとする。たとえば“呉”として，同じツイートの中に，また別の単語“映画”がある。この 2 つの単語の間には，共起の関係がプラス 1 される。この共起の回数が多ければ，この 2 つの単語は互いに強く関係していることになる。この関係を数値化するために，Jaccard 係数を用いた。Jaccard 係数 s_{ij} は単語 i と単語 j の間の関係を次のように定義する。

$$s_{ij} = \frac{p}{p + q + r} \tag{7.1}$$

単語 i と単語 j が同時にあった回数が p，q は単語 i のみの出現回数，r は単語 j のみの出現回数であり，結果として，単語 i と単語 j が同時にあった回数が分子，単語 i と単語 j の出現回数の合計が分母となる。単語の数×単語の数の行列を，Jaccard 係数の値で埋めたものが類似性行列となる。この類似性行列から，多変量解析が始まる。

ここでは，2 つの分析結果の例を示す。1 つ目の例では，2017 年 2 月 19 日のツイートの分析で，正確には，18 日 23:02 から 20 日 02:21 の間の 4000 ツイートである。Google Doc への保存が，2000 件単位のため，このように切りのよい数となる。このデータには 13 万 5962 単語があり，先に述べたように三国志関連など明らかに呉市との関連のないツイートや，リンクの URL や絵文字，矢印などのサインなどを削除した結果，5 万 6440 単語が分析対象となった。2 つ目の例は，2017 年 7 月 27 日 09:14 から，28 日 06:26 までの 4000 ツイートである。こちらは，19 万 64 単語から，先と同様にフィルタリングした結果，8 万 4403 単語が対象となった。2 月と 7 月を選んだのは，季節の差や，イベントの違いが現れるかを検討するためである。

2 月 19 日のデータでは，分析対象とする最小の出現回数は 60 回に設定した。いろいろな回数で試してみたが，この閾値を下げて，多くの単語を分析対象にすると，ある種，ノイジーな結果となり，そこから面白いものを探すことに手間がかかりすぎる。60 回ぐらいがちょうどトレンドを見るのにわかりやすい結果であったので，この値にした。一方で，60 回を下回る出現回数の単語は分析対象にならないわけで，ここにこの共起回数ベースの単語ベーステキストマイニングの限界と問題があると思われる。この点の考察と克服については，後に述べる。

類似性行列にクラスター分析を行って，何グループに分類するのが適切かを検討している。図 7.5 は 2 月 19 日のデータを分析した際の，クラスターの統合距離のプロットである。左から右に見ていって，6 クラスターまでは，徐々にクラスターの統合距離が増加しているが，右側の 5 クラスターと 6 クラスターの間に，傾きの大きな不連続点がある。そこで，6 クラスターが適切なグループ数である

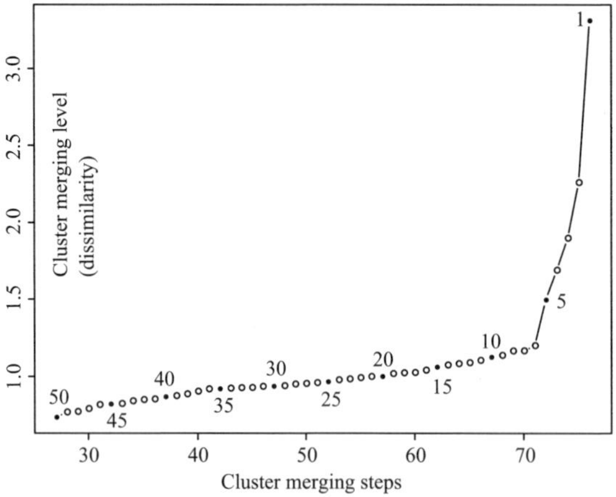

図 7.5　単語クラスターの統合距離のプロット

と判定した。

類似性行列は，60 回以上出現単語数の数十の次元を持っているので，その様相を掴むのは不可能である。MDS（多次元尺度構成法）を使って，2 次元に最適次元圧縮射影を行った。単語の出現回数は MDS プロットの中のバブルの直径として表されている。MDS の最適化射影のアルゴリズムには Kruskal を用いている。○ のハッチングパターンは，クラスターに対応している。これらの計算には，KH Coder [4][5] を用いた。

7.2.3　単語ベーステキストマイニング結果：2 月 19 日ツイート

プロットの中心に，2 つの呉があるが，これは形態素解析が品詞を分けてしまったためで（名詞と固有名詞），同じ呉である。MDS プロットの中心にあるということは，他の単語のすべてと関係があるという意味がある。

呉と同じ，ハッチングの無い単語は同じクラスターに属している。海軍，広島といった単語が含まれている。また，行く，見る，よい，好き，名詞は，本，カレー，海，イベント，海域などがある。これらの単語は，アクティビティや観光全般に関係してくる。カレーは，呉のさまざまなレストランで供している海自カレー関係である。海自カレーは，呉に関連する海上自衛隊の艦船で出されているカレーのレシピに基づいており，1つの店で1つの船のカレーを出している。好評で一年中実施されている。

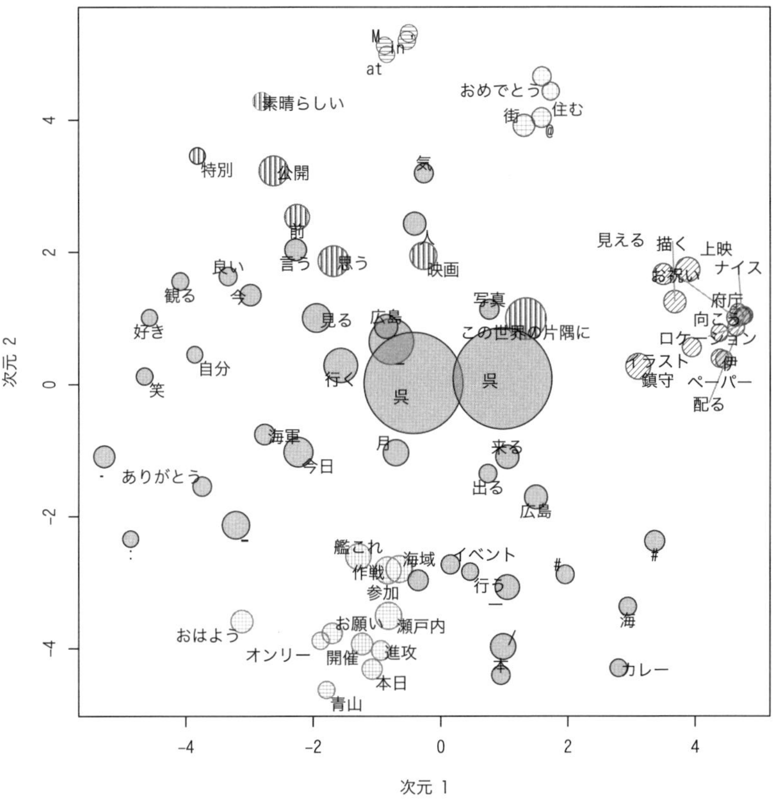

図 7.6　2017 年 2 月 19 日のツイート単語ベース分析

6時半～7時方向にあるクラスターは，「艦隊これくしょん」関係である。オリジナルは2013年にサービスを開始したオンラインゲームであったが，アニメや小説，コミックと多方面に展開し，現在でも大きな人気を誇っている。艦隊これくしょんは，呉や舞鶴，横須賀といった旧海軍の鎮守府を基地とした設定なので，呉でも，これにちなんだ公式イベントも同人イベントもよく開催されている。ちょうどこの日は，瀬戸内侵攻作戦と銘打たれたイベントが近日開催されるため，それ関係のツイートが多数あった。

縦縞のクラスターは，映画「この世界の片隅に」に関連するツイートである。呉が舞台で，呉の空襲が大きな事件となっており，この日がちょうど公開から100日目にあたり，片渕須直監督のツイートが多数リツイートされていた。これのお祝いに関するツイートが3時方向のクラスターとなる。

7.2.4　7月27日から28日朝のツイート分析

このプロットも，呉が2つある。一つは中央～6時方向のクラスターで，1945年7月28日は呉が大空襲を受けた日で，それが描かれた，「この世界の片隅に」と，空襲で着底した巡洋艦青葉と戦艦榛名の関係のツイートが大変多く存在している。なかでも，多数がリツイートされた，東京大学渡邉英徳教授による，米軍艦載機から撮影された激しい攻撃を受けている榛名の白黒写真にAIを用いて着色した画像を添えたツイートが235リツイートされている。これが，中央～6時方向のクラスターの大半を占めている。「この世界の片隅に」では，傾いて着底した榛名の姿が描かれている。左隣7時半方向にあるクラスターも，それに近い内容で，榛名と同様に航空戦艦伊勢が空襲により大破着底した内容である。

5時方向のクラスターは，片渕監督によるツイートがリツイートされている。映画の中では，この日の空襲をしのぐため，ヒロインの家族が自宅裏に掘った防空壕に避難する様子が描かれている。もう一つ，同じクラスターが3時半方向にあり，これは呉三津田高校放送部が，NHKのオリジナルラジオ番組コンクールで優勝したツイートがある。中心近くの格子模様のクラスターは，呉サマーフェスタというイベントで，海上自衛隊の資料館（てつのくじら館）で，護衛艦かがのキャラクターの描かれたパッケージのゴーフルを限定販売するというツイートである。右手の2時方向のクラスターは，毎年，宮島で行われる海上花火大会が明日行われるというツイートで，これは呉市観光協会のオフィシャルアカウントが書いたツイートである。上部11時～1時方向のクラスターは，大和ミュージアムの大和あるいは艦これの大和，それに加えて，行く，見る，土産といった，多くのツイートで使われている一般的な単語がある。左の9時～10時方向のクラスターは，海軍，艦上，空母，部隊といった，海軍に関するツイートで広く使われる名詞が多い。

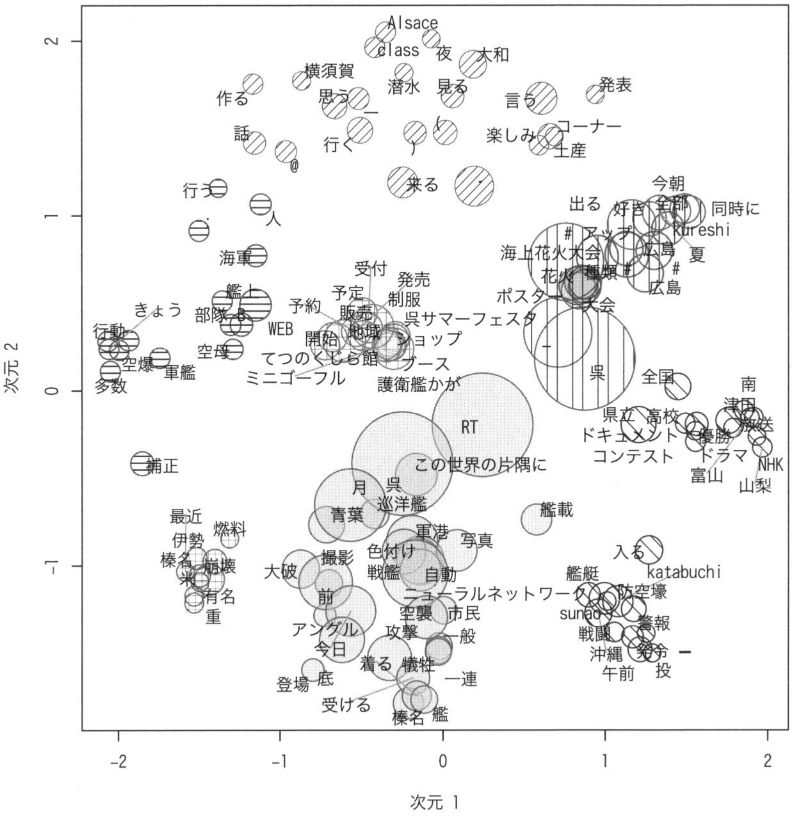

図 7.7　2017 年 7 月 27 日〜 28 日午前のツイート単語ベース分析

この 2 つの分析を比較すると，どちらも，特定のイベントに関するツイートに出てくる単語がクラスターとしてまとめられていることがわかる。これは先に述べたように，Twitter にある，リツイート機能のせいで，ある人が書いたツイートを見た別の人が，その内容を気に入った場合に，自分のフォロワーに向けてリツイートできるという特性が強く反映されている。

形態素解析により単語に分解―共起確率を求めるという，伝統的なテキストマイニング技法は，Twitter の観光についてのデータ分析をする場合，人々の関心がある事柄のトレンドがリアルタイムに把握できるという利点がある。しかもこれが，日々違うことが，上に示した2月と7月の違いで明らかである。これらの分析結果を見て，観光のおすすめスポットを，手動や半自動で調節することができる。

一方，単語の共起回数ベースの伝統的な方法での問題点は，前処理に非常に手間がかかる点である。先に述べたように，三国志の呉の国関係や人名など，フィルタリングするためには，さまざまなパターンを人力で発見していく必要がある。その結果，“呉”が含まれるツイートのうち，呉市に関するものは75%前後であった。もう一つの問題は回数ベースであるために，広く関心を集める事項は出てくる反面，ユニークな視点，観光でいえば，あまり人が行かないが，おもしろいスポットなどが，どうしても多数出現する事項の陰に隠れてしまう。観光のプロモーションのためには，日々移り変わる人々の関心，トレンド的な情報が重要だが，一方では，ユニークな面白さを発見することも非常に大事である。この，人力によるスクリーニングの自動化，さらに回数は少ないがユニークな情報を発見することを目的として，ディープラーニングニューラルネットワーク（DNN）ベースの意味理解システムの応用を試みた。

7.2.5　DNNによる意味理解

上に述べた目的のために，DNNベースのAIによる意味解析を適用してみる。第4章に述べた土木施設ネーミング支援のシステムでは，1980年代から90年代半ばにかけて完成された，概念意味辞書を用いていた。この方法は，明示的に概念の辞書的な定義，そして概念間の上下の関係を明示的に記述した，“辞書”である。膨大な手間をかけて作られたこのような辞書を用いた意味解析は，現在でも大変有効な手法である。

一方，近年のDNN，CNNに代表されるような，大規模ニューラルネットワークを用いた機械学習で，意味を，単語と単語の関係として表象できるだろう，その関係を学習させようという試みがいくつかある。

自然言語をニューラルネットワークで処理しようという試みは，1980年代から90年代の第2次ニューラルネットワークブームのときにさまざまに試みられた。現在のディープラーニング手法時代においてエポックとなったのは，GoogleのMikolovらのWord2Vecである [6]。

Word2Vecをはじめ，ニューラルネットワークで自然言語を扱う試みでは，単語のベクトル表現を使っているものが大半である。たとえば，[7]では，8万2000種類の単語を学習に用いており，これは，入力ベクトルが8万2000次元ということになる。出力も同じだけの次元数を持っている。隠れユニット層と呼ばれる中間ユニットが640個ある。8万2000–640–8万2000ユニットから構成される，左右対称の砂時計型と呼ばれるネットワークの構造になっている。このような砂時計型のネットワークで情報の圧縮を行うというアイディアは，1980年代からあり，珍しいものではないが，自然言語の意味を扱う上で，Mikolovらアイディアで面白いのが，学習させる際の，ネットワークに対するタスクの与え方である。

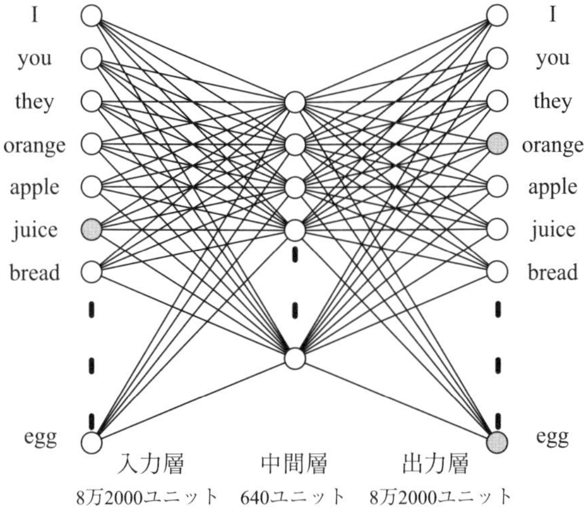

図7.8　Word2Vecの構造

Continuous Skip-gramという，彼らの学習方法は，ある単語と，1つの文章で，共起する単語群との関係を大量に学習させる。たとえば，“I will have orange juice and eggs for breakfast”という文章の場合，たとえば前後2単語を選んで，

I will have orange juice and eggs for breakfast ： 入力haveに対してI, will, orange, juiceを正解

I will have orange juice and eggs for breakfast ： 入力orangeに対してwill, have, juice, andを正解

I will have orange juice and eggs for breakfast ： 入力 juice に対して have, orange, and, eggs を正解

として，学習させていく（[8] の例題から）。結果として，ある単語について，一文中に，その単語の近くに置かれた別の単語との関係が学習される。[7] では，ターゲットとする単語の，前 5 単語，後 5 単語を使って学習している。多数の文章を使って学習した結果，たとえば，orange を入力した場合，juice の出力が大きいものになる。

7.2.6　現代言語学と意味学習

Mikolov らは言及していないものの，上に述べたベクトル表現と学習方法は，近代言語学の嚆矢であるフェルディナン・ド・ソシュール（Ferdinand de Saussure, 1857–1913）の，意味に対する考え方と非常に似ている。ソシュールは存命中にまとまった著作を表さず，ジュネーブ大学での講義ノートが弟子たちによりまとめられて，「一般言語学講義」として死後出版された。現在では，1950–60 年代に発見された資料を追加したエングラーによる「一般言語学講義（改訂版）」が定本とされている。日本では，1980 年代に，言語学者・哲学者・フランス語学者である丸山圭三郎の著作により広く知られることになった [9]。

ソシュールは，語を，非実体的，関係的存在であるとみなした。これは，単語が単体ではその意味が純粋には規定できるものではない。他の単語との関係があって，人々のあいだで共有できる意味となる。また，語が生まれる以前に，純粋な概念は存在できず，語が作られてから識別されるという考え方である。

“単語の価値はしたがって，どんな概念と「置き換える」ことができるのか，つまり単語がどんな意味を持っているのか確認することばかりにこだわっている限り，決定することができない。これに加えて，類似した他の価値，つまりその単語と対立させることができる他の単語と比較する必要がある。単語の内容は，その外部に存在しているものの競合によってしか，本当の意味で決定することはできないのである。単語は体型の部分をなしているから，単語には意味があるだけでなく，特に価値が付与されているのであり，これは意味とは全く別物である”（[10]　第 2 部共時言語学　第 4 章言語的価値）。ソシュールはこの後，“s’assoir au soleil 日なたに座る”，太陽 soleil のように一般的な単語ですら，周囲

の単語との関係を無視しては理解できないという，彼のお気に入りの例を続けている。たしかに，[10] の脚注に示されるように，太陽は日光とは別の概念であるし，日光が当たる場所という意味は，単に太陽という単語だけでは，直接想像することは難しい。「一般言語学講義」のこの章は，この後，“概念は純粋に差異的であり，その内容によって積極的に定義されるのではなくて，体系中の他の項目との関係によって消極的に定義されるものだ”という，現代言語学の根幹を形成していく提案で終わっていく。

先に述べた Word2Vec を実現する学習は，単語の持つ概念については，一切それを定義することがない。ひたすら多数の文章を入れ，誤差が減少するようにネットワークを学習させるだけである。その結果，語と語の間の関係が重合されて学習される。ソシュールが考えた，ある語の意味は，関係によって浮かび上がるというプロセスを，ある意味では計算によりシミュレーションしているともいえる。我々は，○○という語で表される概念を，○○とは，と辞書的に学習する（させられる）場合もある一方で，日常生活のなかで，なんとなくこういうものだろう，と理解していく。専門的な用語は，厳密性も要求されるので，定義的に学習することが多いが，一方で，日常的な文章や会話に使っている語の概念は，後者のほうが多いだろう。

ニューラルネットワークの内部の“表象”を学習により形成する手法が示されたことにより，意味の計算という可能性も出てきた。Mikolov の例では，640 個のユニットがある中間層の出力は，単語の意味を重ね合わせて，640 次元上のアナログ値ベクトルとして表現したものになる。たとえば，「King」を入力し，出てくる中間層出力ベクトル，「Male」を入力，その中間層出力ベクトルを用意し，(King−Male）とすると，それは「Queen」の入力に対する中間層出力ベクトルとかなり似ている，という結果を得られる。つまり，King−Male = Queen というように，ある程度意味を“計算”できる。

知識，すなわち概念を体系化すること，辞書を作ることは 18 世紀前半の，イギリスのチェンバースらによる百科事典，それに刺激された 18 世紀後半フランスの，ダランベールやディドロをリーダーとした百科全書派によって推し進められた。その結果，知識の一般化，共有化という点で大きな役割を果たした。いわゆる記号主義的 AI は，プログラムから引くことができる，概念を定義した辞書を持ち，それを参照することで多くの“理解”ができることを目指した。それは，筆者らのネーミング支援システムのように，一定の成功を収めている。一方で，人間が莫大な手間を費やして辞書を作る必要があり，また，先に述べたようなKing−Male = Queenのような意味の“演算”を記号的に行うことには困難がある。

BERTのアイディア

今回，ツイート分析の意味分析に用いたのは，2018年にGoogleから発表されたBERT（Bidirectional Encoder Representations from Transformers）である[11]。24層もの巨大なモデルを持ち，大量の文章データから学習を行い，汎用の文章理解システムを作ることを目指している。学習済みのモデルを提供して，さまざまな処理に応用されることを目的としている。

BERTの仕組みについて簡単に解説する。先に述べたWord2Vecは，単語と単語の間の関係を学習する。ただ，単語と単語の間の距離，つまり文章中に，ある単語 i と別の単語 j が，間にどのぐらいの別の単語を挟んで使われているか，という情報は使っていない。

言語処理よりも先行してAI応用が進んでいる画像認識の場合，画像内のある場所のピクセルRGB値が，別の場所のピクセルの値とよく似ている，つまり相関があるということが重要な情報となる。たとえば，ひまわりの花を学習した場合，ある場所に黄色のピクセルがあると，どこの方向に，同様に黄色のピクセルが存在しているか，を見ることで，他の花と識別が可能になる。画像認識のニューラルネットワークでは，だいたいどの位置に物体がありそうか，図と地を大まかに判別したあとに，図の領域の大きさを一定の大きさに揃えて，上に述べたような認識のネットワークで学習した結果と照らし合わせる。

このような，どのくらい離れたところに，相関係数の高いものが存在しているかを学習するというタスクは画像認識では一般的である。ニューラルネットワークでなく，画像処理アルゴリズム的な画像認識方法でも同様の手順をとる。文章データに対して，このような，相関のある場所を見つけていくには，Transformerという位置情報を埋め込む仕組みが使われる[12]。この研究もGoogleの研究チームである。

BERTは，細かい工夫がさまざまに付加されているが，基本的にはWord2Vecの後ろにTransformerがついている構造になっている。これにより，文章全体の意味構造も暗にコネクションの中に学習される。その結果，Word2Vecだけではできない，文章中に複数の穴がある，穴埋め問題に回答することや，文章全体が，似ているのか，似ていないのかを判定することができる。

これを実現するために，学習には工夫が凝らされている。図 7.9 に，入力する文章のエンコーディングを示している。一つ一つの単語は，Word2Vec での中間層の出力に相当するベクトル（768 次元，拡張モデルでは 1024 次元）で表現されていて，トークンと呼ばれている。このトークンは，意味のエンコーディングと，セグメント，文章中位置の 3 つのエンコーディングを加算したベクトルになっている。

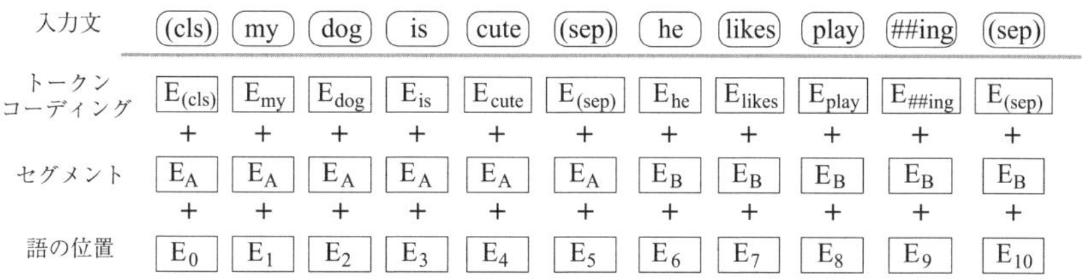

図 7.9　BERT の入力エンコーディング
（出所：[11] を基にして作成）

学習は 2 つのセンテンスの入力で行われ，センテンスセグメント A と B のどちらに属するのかの区別が付加される。さらに，単語がセンテンスの中で何番目にあるかを示す，ポジションも追加される。これらの属性が付加された単語の分散表現が，図 7.10 に示す BERT への入力に使われる。[SEP] は 1 センテンスの区切りと終了を示している。また，文頭に入れる [CLS] は，1 文全体の意味を 768 次元に畳み込んだ形で取り出すための，いわば余白として使われる。

学習の際には，1 センテンスにつき 1 つ以上の単語が，マスクした不明なものとして扱われる。図 7.10 の中では，センテンス A では “the” になり，B では “of” が，MASK 扱いとされている。学習の 80% では [MASK]，10% では正解，10% ではランダムな単語に置き換えられて与えられる。このマスクされた単語に対する正解，そして 2 つのセンテンスにつながりがあるのか／無関係なのかの正解が，学習すべき正解データとして与えられる。最終出力層には，図 7.10 に示したように，オリジナルの BERT では 3 万 522 の単語ボキャブラリー数のユニットがある。学習には，Wikipedia の膨大な文章（25 億単語）と BooksCorpus（8 億単語）のデータが使われた。

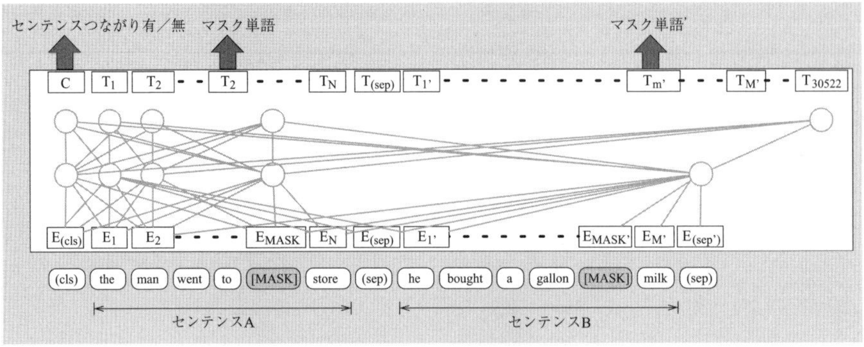

図 7.10　BERT の学習
（出所：[11] を基にして作成）

BERT は，2018 年 10 月に登場し，自然言語処理標準テスト GLUE（https://gluebenchmark.com）の多様な課題で次々と記録を塗り替え一躍有名になった。学習の結果として，必ずしも常に上手くいくとは限らないが，同じような単語が出てくる文章でも，その単語の意義が違う場合，同じ場合を判別できる。たとえば，I accessed the bank account（銀行の bank），We play soccer at the bank of the river（川土手）の 2 つの文が，意味がつながる文章なのか，つながらない文章なのかの判別を学習できる。これは限定的ながら，文脈を学習し判断することが可能なことを意味している。

BERT の日本語対応は，京都大学大学院の黒橋・河原・村脇研究室によるもの（http://nlp.ist.i.kyoto-u.ac.jp/index.php?BERT 日本語 Pretrained モデル）と，東北大学の乾・鈴木研究室によるもの（https://github.com/cl-tohoku/bert-japanese）がある。どちらも，日本語 Wikipedia の文章約 1 万 8000 文，3 万 2000 種類の単語を用いて訓練されている。筆者らは，両方の実装を試してみた結果，後者の方を分析に使った。後者は，Transformer や BERT のメンテナンスをしている Hugging Face（https://github.com/huggingface/transformers）に標準として 2019 年 12 月 15 日に採用され，プログラムのインストールが簡便になった [13]。

7.2.7 BERTを使ったツイートの意味分類

本研究では，BERTを使って，呉に関するツイートを，その意味で分類することを試みた。先に述べたように，三国志関係など，呉以外のツイートを自動で分類し，前処理の手間を省きたいというのが第1の目的である。第2の目的は，単語ベースの処理であると，ツイートの場合，どうしても多い回数リツイートされたものが目立つ。トレンドを見るのにはそれでよいが，隠れた面白い観光ポイントを見つけるのには，どうしても数量ベースではなく，やはりツイートの内容を吟味したい。数千件の膨大なツイートを全部見るわけにはとうていいかず，なるべく内容で分類したい。それにより，ユニークな話題やポイントを，人間が見て発見する助けになってほしいというのが目的である。

今回の試行では，先に述べた2017年7月27日～28日午前のツイートを分析対象とした。4000ツイートのうち，写真あるいは絵文字だけ，あるいは何らかの理由で文字化けしているツイートを除いた3759ツイートを入力とした。三国志関係や，個人名など，呉と無関係なツイートも全く区別なく，前処理なしでシステムへ入力したことに注目してほしい。この入力によって計算される，768次元の圧縮された内部表象を，多変量解析へのデータとした。具体的には，最終層から1つ手前の中間層の768ユニットの出力ベクトルであり，3759行768列の行列データである。1行が1ツイートの圧縮された意味の表象となる。

この行列データを，階層的クラスター分析で分析した。クラスター融合法はWard法，距離計算はユークリッド距離を用いた。計算に用いたパッケージは，Pythonのscipy.cluster.hierarchyの関数群である。階層的クラスター分析の結果は，どこで切断して何クラスターとして扱うかというのが，常に課題となる。あまり上の方の，抽象度の高いところで切ると，クラスター数は少ないが，だいぶ質の違うデータが一緒になってしまう。低いところで切ると，データの等質性は高まるが，クラスター数が多くなって煩雑になる。今回は，クラスターを融合した距離をプロットして，やや保守的に61クラスターになるところで切断して検討した。図7.11の，ユークリッド距離が80.0で，色が分かれる箇所が切断した高さを示している。

呉に関するツイートのクラスターと，三国志など呉以外を弁別したクラスターに別れているかどうか，その精度を検討した。“呉”という，同じ単語を使いな

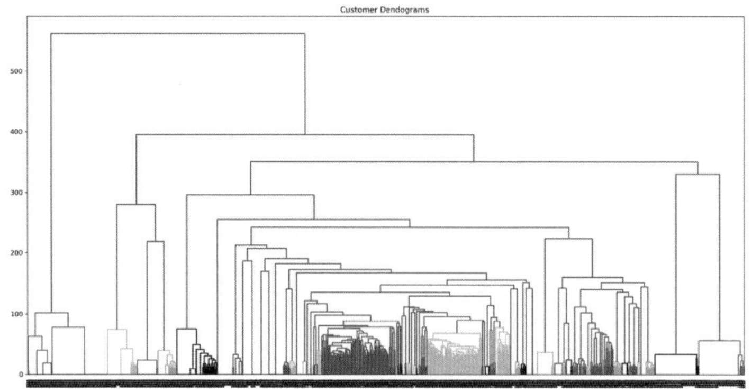

図 7.11　3759 ツイートの階層的クラスタリングの結果。
61 クラスターを色で分けている

がら，県市に関係するツイートかそうでないかを弁別する課題であり，ある程度の意味理解が必要である。検討の手順は以下のとおり。

1）まず，すべてのツイートを，県に関するものかどうかを，人力で判定する。

2）1 つのクラスターが，県の話題／県以外の話題のどちらに属しているかを判定する。

これは，1 つのクラスターが，県／県以外のどちらに属するツイートが多いかの多数決で決めることになるが，県と県以外のツイート数が異なっている。ここでは [14] の方法を用いた。県クラスが 3016，県以外クラスが 738 であり，これを分母としてバランスをとった値を使って判定する。

（クラスター i の県以外ツイート数 / 738）> （クラスター i の県ツイート数 /3016）

の場合，クラスター i は県以外ツイートのクラスターとなり，それ以外は，県ツイートのクラスターとなる。たとえば，あるクラスターが県ツイートのクラスターと判定された場合，その中にある県以外ツイートは，分類エラーとなる。逆に県以外クラスターと判定されると，その中にある県ツイートが分類エラーとしてカウントされる。

以上のようにして計算した，各クラスターでの分類エラー数を合計する。

定式化すると，以下のように書くことができる（[15] より引用）。

事前に各サンプルにつけられたクラスのラベルを cl とする。この場合，呉／呉以外ツイートの 2 クラス問題なので，cl は 1 か 2 である。テストデータ集合の中で，各クラスに属するサンプルの数を v_{cl} とする。クラス cl に属するあるサンプルが分類の結果 cl' に属するとされることを $(cl' \mid cl)$ と表す。

一つのクラスターを C_i とする。$m_i(cl' \mid cl)$ を，クラスター C_i に分類された，クラス cl のラベルを持つサンプルの個数とする。

クラスター C_i は，$m_i(cl' \mid 1)/v_1 > m_i(cl' \mid 2)/v_2$ のとき，クラス 1 に属するものとし，そうでないときにクラス 2 に属するものとする。つまり，クラスターのメンバーが多い方のクラスに属するものとする。ただしテストデータ集合で元々クラスによってサンプルの数が異なっているのでそれを補正して判定する。たとえば C_i がクラス 1 に属すると判定された場合 cl' を 1 とする。C_i に属するサンプルのうち，クラスラベル 1 を持つサンプル数 $m_i(1 \mid 1)$ は正しく分類された数で，クラスラベル 2 を持つサンプルは分類エラーとなる。その個数を $m_i(1 \mid 2)$ とする。

以上をすべてのクラスターについて計算して合計し，1 回のクラスタリング結果の誤分類数 NE とする。すなわち，NE を以下のように定義する。

$$NE = \sum_{i=1}^{NC} \{m_i(1 \mid 2) + m_i(2 \mid 1)\}$$

以上の分類エラーを合計した数値は，0.0895 となり，エラー率は 9% ということになった。全く人間による前処理をせず，三国志関係や人名の，多くの呉以外のツイートがあるにもかかわらず，この分類結果はよい成績だと思われる。

7.2.8　クラスター内容の検討

ここからは，分類されたクラスターの中身について検討する。単語ベーステキストマイニングの結果と同様に，多数リツイートされたツイートは，それだけでクラスターを形成している。

少数のリツイート，あるいは全くリツイートされないツイートの中にも面白いものは発見できる。たとえば，呉の空襲に関してのツイートが集まっているクラスターのなかには，大和ミュージアムに映画のコーナーがあること（クラスター

#6, リツイート数7)，呉の写真と3D CGによる当時の艦艇の合成（クラスター#6，リツイート数26)，海軍工廠時代から今に至るも現役で活躍している起重機船ひろしま（クラスター#5，リツイート数39)，1912年に海軍工廠で作られた戦艦摂津の話題（クラスター#6，リツイート数2）など，興味深いものが見つけられる。これらは，注目された数は少ないものの，観光に関して深みのある面白い視点である。これらが，クラスター#5と#6に集まっている点も面白い。

ゆるく，呉の観光に関するツイートが集まったクラスターでは，艦これのゲームに関するツイートや，海上自衛隊の護衛艦，呉の海軍麦酒の話題などが見受けられる。

3759ものツイートを見てユニークな視点のものを発見するのは，大変に骨が折れる。対して，完全ではないものの，だいたい似たような話題がクラスターに集まっていれば，そのクラスターの中を見ればよい。ユニークなツイートを拾うためにはかなり効率がよく，先に述べた省力化が達成できている。

表7.2　BERTによるツイートの意味解析分類結果

クラスター	内　容	呉以外	呉	合　計
1	渡邊先生のAI着色写真のツイート3種類。攻撃を受ける戦艦日向，戦艦榛名，巡洋艦青葉	0	130	130
2	1と同じツイート	0	294	294
3	渡邊先生の原爆キノコ雲の着色写真，片渕監督の空襲のツイート	9	147	156
4	1のリツイートと戦艦についてのツイート	0	110	110
5	呉の歴史関係，サマーフェスタ，起重機船ひろしま	1	100	101
6	空襲の話題，3D CG戦艦合成動画の話題，着底した戦艦	10	201	211
7	ワンダーフェスティバルで広島カプセルフィギュアの新作発表（この世界の片隅に）	0	77	77
8	芙蓉録（呉空襲記録を時間に合わせてツイート）	0	54	54
9	海上花火大会のポスターの告知（呉市オフィシャル）	0	48	48
10	第64回NHK杯全国高校放送コンテスト結果　広島県立呉三津田高校	0	48	48
11	片渕監督の，1945年の当日8時45分2度目の空襲警報発令のツイート	0	42	42
12	片渕監督の，1945年の当日8時ちょうど空襲警報発令のツイート	0	35	35

13	漫画キャラクターを描いたツイート（呉とは無関係の作品。キャラ名に呉の字を含む）	40	0	40
14	艦これ関係，ゆるい呉の観光関係	6	32	38
15	この世界の片隅に 関連の感想	8	23	31
16	呉の海上自衛隊波止場の夜景	0	33	33
17	呉駅に映画のキャラ立て看板	2	20	22
18	カープグッズ発売	0	18	18
19	高校野球の結果	1	13	14
20	呉と無関係なツイートがまとめられている（呉のラーメンと空襲の話題 2 つ例外）	22	2	24
21	呉の花火大会のポスターの話題	7	14	21
22	ゆるい呉の観光とグルメ，若干三国志関係ゲームが混ざる	93	299	392
23	呉と無関係の雑多な話題（三国志など）	7	4	11
24	呉と無関係の話題（野球選手の名前に呉が入っているものなど）	18	0	18
25	呉と無関係の話題（呉服店の名前に呉が入っているなど）	19	0	19
26	呉の気温，天気（ロボットによる自動投稿）	0	16	16
27	呉空襲で沈んだ戦艦の話題	0	16	16
28	呉軍港のジオラマ完成のツイート	0	13	13
29	呉所属の掃海艇に下関で遭遇	0	14	14
30	入船山記念館のマンホールの蓋（この世界の片隅に絵柄）	0	12	12
31	この世界の片隅に　感想	0	13	13
32	映画の感想，呉のフェスティバル，艦これ関係	7	28	35
33	ほぼ呉以外の話題。呉関係は呉線，ドックの話題	242	39	281
34	呉以外の話題	9	1	10
35	尾道 — 呉　撮影スポットの話題	0	10	10
36	中国地方の気温（ロボットによる自動投稿）	2	18	20
37	呉ポートピアパークのフェスティバルの話題	4	16	20
38	勤務地が呉に移動の話題	3	11	14
39	呉の雑多なローカルの話題。放送番組やコーヒー，海自カレーなど	17	61	78
40	第 64 回 NHK 杯全国高校放送コンテストで優勝の話題	0	24	24
41	呉の雑多な話題。呉線，花火，呉の方言	8	21	29
42	呉のスイーツ，フライケーキ，びっくりまんじゅう，アイスもなか	2	25	27
43	片渕監督の呉空襲についてのツイート（占領下沖縄からの B-24	0	32	32

44	呉と無関係のゲーム	0	26	26
45	呉の空襲の話題	8	83	91
46	海自艦の話題	1	43	44
47	戦争当時の様々な話題	6	10	16
48	この世界の片隅に の感想，呉港高校の話題	0	33	33
49	ほぼ呉以外の雑多な話題	19	8	27
50	1935 年重巡洋艦最上竣工	10	42	52
51	呉観光の様々な話題　鉄のくじら館，移動手段など	13	6	19
52	この世界の片隅に，艦これ関連，戦艦の戦歴	20	102	122
53	海水浴場，TV 取材，海自艦，艦これなど雑多な話題	30	11	41
54	呉港めぐり船の話題	2	29	31
55	平和資料展の話題など	11	17	28
56	呉以外の話題が中心。一部海自艦船の話題	17	6	23
57	三国志の話題	16	2	18
58	艦これの話題	0	18	18
59	ほぼ呉以外の雑多な話題	38	9	47
60	海上花火大会のポスターの話題	2	225	227
61	護衛艦かが　ミニゴーフル新発売	8	232	240

7.3　まとめ

感性工学に基づく呉の観光案内 Web システムの構築，共起回数に基づく，単語ベーステキストマイニング，そして最新の文章意味理解システムに基づく分析と，3 つのトピックについて説明してきた。3 つ目の手法は，実用化されてから英語で約 1 年 3 か月，日本語ではまだ 1 年未満と始まったばかりであり，多くの可能性がある。さらに高度に，分析者が見落とすような面白い情報を教えてくれる AI システムを目指して，筆者らもさまざまに工夫をしている最中である。

なお，この章で述べたテキスト分析の手法についてさらに詳しく述べた論文がある [16][17]。この 2 つの論文では，マインドフルネスが本邦の医療現場においてどのように応用されているのかを，論文タイトルとアブストラクトを分析することにより調査したものである。表 7.2 に示すような分類結果をさらにもう一段踏み込んで解釈する手法を示しているので，テキスト分析に興味のある方は参考にされたい。

参考文献

[1] Ishihara, S., Nagamachi, M., Tsuchiya, T.：Development of a Kansei Engineering Artificial Intelligence Sightseeing Application, Advances in Affective and Pleasurable Design Proceedings of the AHFE 2018 International Conference on Affective and Pleasurable Design, Advances in Intelligent Systems and Computing 774, Springer, pp.312-332, 2018.

[2] Taku Kudo, Kaoru Yamamoto, Yuji Matsumoto：Applying Conditional Random Fields to Japanese Morphological Analysis, Proceedings of the 2004 Conference on Empirical Methods in Natural Language Processing (EMNLP-2004), pp.230-237, 2004.

[3] 工藤拓：形態素解析の理論と実装 , 近代科学社 , 2018.

[4] 樋口耕一：社会調査のための計量テキスト分析 — 内容分析の継承と発展を目指して — 第 2 版 , ナカニシヤ出版 , 2020.

[5] 樋口耕一：テキスト型データの計量的分析 —2 つのアプローチの峻別と統合 —, 理論と方法 , Vol.19, No.1, pp.101-115, 数理社会学会 , 2004.

[6] Tomas Mikolov, Ilya Sutskever, Kai Chen, Greg Corrado, Jeffrey Dean：Distributed Representations of Words and Phrases and their Compositionality, NIPS, 2013.

[7] Tomas Mikolov, Kai Chen, Greg Corrado, Jeffrey Dean：Efficient estimation of word representations in vector space, ICLR, 2013.

[8] Kulshrestha, R.：NLP 101: Word2Vec — Skip-gram and CBOW, Towards data science, 2019. https://towardsdatascience.com/nlp-101-word2vec-skip-gram-and-cbow-93512ee24314/.

[9] 丸山圭三郎：ソシュールを読む , 岩波書店（現在：講談社学術文庫）, 1983.

[10] フェルディナン・ド・ソシュール（著）, 町田健（訳）：新訳 ソシュール一般言語学講義 , 研究社 , 2016.

[11] Devlin, J. et al.：BERT: Pre-training of Deep Bidirectional Transformers for Language Understanding, arXiv:1810.04805, 2018.

[12] Vaswani, A. et al.：Attention Is All You Need, arXiv: 1706.03762, 2017.

[13] Wolf, T. et al.：HuggingFace's Transformers: State-of-the-art Natural Language Processing, arXiv: 1910.03771, 2019.

[14] C.K.Bayne, J.J.Beauchamp, C.L.Begovich and V.E.Kane：Monte carlo comparisons of selected clustering procedures, Pattern Recognition, Vol.12, No.2, pp.51-62, 1980.

[15] 石原茂和 , 石原恵子 , 長町三生：感性工学データ解析のための自己組織化ニューラルネットワークを用いた階層的クラスタリング手法の開発 , 電子情報通信学会論文誌 A 基礎・境界 , Vol.82, No.1, pp.79-189, 1999.　https://ci.nii.ac.jp/naid/110003313268/.

[16] 石原茂和：日本の医療論文における「マインドフルネス」と関連する概念の分析 その 1 — 頻度主義的テキスト分析で探る —, JASTICE: Journal of Arts on Space-Time Composition and Enterprise, Vol.8, No.1, pp.12-25, 2021. https://jastice.org/category/journal-of-arts-on-space-time-composition-and-enterprise_japanese/.

[17] 石原茂和：日本の医療論文における「マインドフルネス」と関連する概念の分析 その 2 — 意味論的テキスト分析で探る —, JASTICE: Journal of Arts on Space-Time Composition and Enterprise, Vol.8, No.1, pp.74-89, 2021. https://jastice.org/category/journal-of-arts-on-space-time-composition-and-enterprise_japanese/.

第 8 章　3D CG と VR と感性工学

8.1　自動車インストパネルの表面加工の感性質感分析，モデル化と感性

松原ら [1] は，自動車インストパネルの革しぼパターンの表面加工の感性工学研究を行った。レーザー 3 次元スキャナーで表面パターンを精密に計測し，それをリアルタイム 3 次元グラフィックスのシステムを作成して感性評価に用いた。人間の視覚は，凹凸については陰影の変化で知覚する部分が大きいので，評価者が好きなようにグラフィックを動かすことが必要であり，リアルタイムでの計算を必要とした。CG であるので，彫りが深くも浅くも，また表面のつやも，パラメーターで調節できることが大きな利点である。彫りの深さは予想以上に感性評価が異なる結果となった。実際にパネルを設計して作るのには非常に時間もコストもかかるが，この研究結果から，3 次元 CG による表面加工の表現が，感性評価に十分なクオリティがあり，バーチャルプロトタイピングが可能であることが示された。

8.1.1　物体表面表現の課題

産業界では，近年の成形技術や工業的な仕上げ技術の発展により，プラスチックの表面の外観をコントロールすることが可能になり，エレクトロニクスから自動車部品，建材に至るまで，表面に豊かな質感を持つプラスチック製品が広く生産され，使われている。しかし，試作品の作成にはコストがかかり，評価に使える試作品が少なく，検討が不十分なのが現状である。そこで，実物の試作品を製作せずに表面の様子を見せることができるバーチャルプロトタイプを用いた感性評価が期待されている。

バーチャルプロトタイピングとは，実測データや設計データを用いて 3 次元

のコンピュータモデルを作成することであり，3D コンピュータグラフィックスを用いた最先端の技術が必要とされる。一般的な CAD（Computer Aided Design）システムは高度な表面表示機能がなく，モデルをレンダリングするためのカスタマイズされたシステムを構築する必要がある。前述したように，表面の仕上げは，忠実に完全に表示されている必要がある。

感性工学では，1980 年代末から VR やリアルタイムレンダリングの技術が模索され，応用されてきた。神藤・平砂・長町 [2] は，感性工学システムの 3D グラフィックス化をいち早く試みたものである。野村・岩村・榎本・長町 [3] は，当時最先端の VR コンピュータシステムを用いたビルトインキッチンの大規模な業務用 VR システムである。バーチャルショールームの来場者には，まず，感性の好みやライフスタイルに関するアンケートを記入してもらう。そして，感性工学に基づくデザインデータをもとに，最適な具体的なキッチンルームのイメージを VR 上に表示する。想定されるキッチンのレイアウトは 3 万通り以上になる。来場者は自分の好みのキッチンパーツを選び，VR 上で修正することができる。最終的に決まったプランと必要なパーツをプランシートとして作成する。可能なデザインやパーツの組み合わせは無数にあるため，事前にレンダリングされたシーンを使うことはできなかった。当時は，巨大で高価な VR マシンが専用のシステムとして使われていた。この 10 年で VR や VR ライクな実現が一般的になってきた。産業用リアルタイム 3D や VR システムの普及に伴い，バーチャルプロトタイプの作成には，より詳細な表現が求められるようになってきた。物体表面の細部を表現するためには詳細なモデルが必要であり，計算量が多く，複雑な物体やシーンを従来のようにレンダリングするには数分から数時間の時間を必要としていた。ここに技術的に解決する必要性がある。

一方，先に述べたような表面の質感については，人間の視覚認知の特性についても注意深く考慮する必要がある。図 8.1 は Kleffner & Ramachandran（1992）[4] にある図をもとに作成した。図の上段のグラデーションのついた円のうち，真ん中に配置した円を見ると，A と B とで立体感が“異なって見えると思われる”。さらに，囲んでいる円の配置も少し違って見えないだろうか？　下段は，全く同じ図形だが，周りに配置した円をグラデーションでなく，単一のグレーで塗ったもので，こちらは立体感も同じ，配置も同じに見えるだろう。錯視の一種といえる。

この不思議な現象の理由に関しては，人間の視覚認知の性質は，照明の方向を強い仮説として使っているからではないかといわれている [3]。たしかに，物体表面のディテールを見るとき，我々は，物体を異なる角度から見たり，移動させたり，自分自身を動かしたりすることで，表面の粗さや光沢のある仕上げを吟味することが多い。

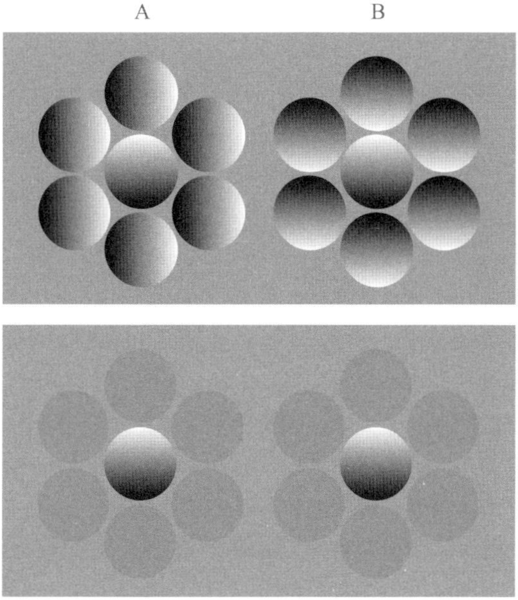

図 8.1　人間の立体感について，視覚知覚の不思議

このことから，表面の表示や評価には，固定した視点からの静止画や動画では不十分であることがわかる。したがって，表面のディテールを吟味するには，“矯めつ眇めつ”を可能にするために，視聴者の意思で視点を操作することが必要である。この要求を満たすための現実的なアプローチとしては，バーチャルプロトタイピングシステム上でのリアルタイムレンダリングがあり，このシステムでは，オブジェクトを操作するためにリアルタイム応答が必要となる。

これらの要求を満たすために，リアルタイムレンダリングを実現するバーチャルプロトタイピングシステムを構築した。マテリアル外観のリアルタイムレンダリングは，GPU（Graphic Processing Unit）をベクタープロセッサとしてプログラミングすることで，バンプマッピングの手法を用いて実現している。本システムの性能評価は，自動車のダッシュボードの革しぼのパターンを用いた感性評価実験により行った。表面の凹凸と光沢を変化させた場合の効果を調べた。

8.1.2　物体表面表現の計算モデル

8.1.2.1　物体表面の認知特性

本稿では，「材料の外観」とは，光の反射に影響を与える表面の物理的属性を指す。金属，木材，プラスチック，大理石などの材料は，それぞれが異なる反射特性を持っているために違う材質に見える。

物質の外観は，表面の凹凸に大きく依存している。画面中にある複数の物体の中から，特定の物体を探す視覚探索（Visual Search）課題に関する認知科学的研究 [3] によると，奥行き方向の差の知覚は線画や色の違いよりもずっとスピードが遅く，複雑なプロセスが必要であると考えられている。したがって，表面の凹凸の知覚には，異なる知覚プロセスが関与していると考えられている。第 1 のプロセスは，物体の陰影から，光源の位置を推測することである。第 2 のプロセスは，光源の位置の違いによる陰影を比較することである。表面の質感をより正確に知覚するためには視野角の範囲や物体の回転が必要となる。そのため，人間は知覚仮説の検証のために自分の視点を変えたり，対象物体を回転させて，表面の光と影を変化させてみようとする。人間はこの光と影の変化を表面の物質的な外観として認識する。

したがって，バーチャルプロトタイピングシステムには，見る人が思うようにオブジェクトを操作できることが要求されており，そのためにはリアルタイムレンダリングが必要である。

8.1.2.2　質感の計算

レイトレーシングと放射率（radiosity）は，コンピュータグラフィックスで使用される主要な手法である。これらの手法は，大域的な照明，たとえば部屋の中での光線の反射を計算するために開発されてきた。一方，材料の外観の表現は，一般的に局所的，物体の一部分に当たる照明に基づいたシェーディング（陰影）の計算によって作られる。この計算は，表面ポリゴンの中の点を対象に行われる。

光の反射属性は幾何学的計算によって記述される。

(1) Phong 反射モデル

物質の外観は，物体からの反射光を計算して画素の色として表現されるため，数学的な反射モデルが必要である。Phong 反射モデル [5] は一般化された局所反射モデルであり，材料表面からの反射と光線拡散の両方を表現することができる。Phong モデルは他のモデルで必要とされる積分を必要としないため，計算量が比較的少なくて済む。図 8.2 に示すように，鏡面反射，拡散反射，外乱光の 3 種類の反射が想定されている。鏡面反射は，光源からの光線が直線的に反射しているため，表面に光沢があるように見える。拡散反射は，反射した光線の広がり（反射光線の方向がある程度分布していること）が生じ，紙や布のような外観が得られる。式 (8.1) は Phong 反射モデルであり，この式を画素色の基本的な決定要素としている。表面の法線方向を表す行列 N と光源の方向を表す L の相関，R とカメラ方向 V の相関が基本的なパラメータとなっている。

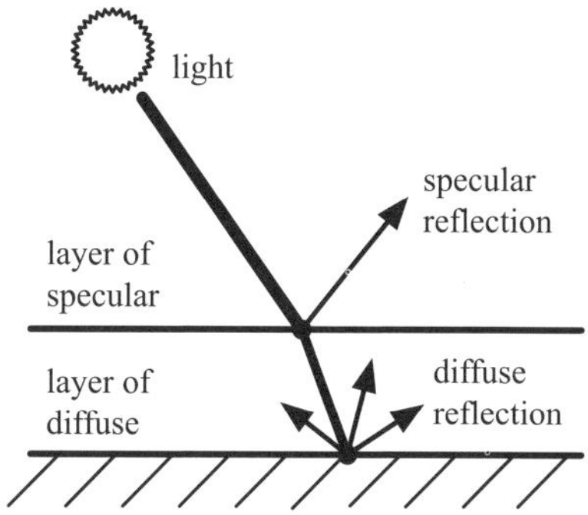

図 8.2　Phong 反射モデル，光源と反射

$$I = K_a I_a + I_i (K_d(\mathbf{N} \cdot \mathbf{L}) + K_s (\mathbf{R} \cdot \mathbf{V})^n) \tag{8.1}$$

I = total illumination

K_a = ambient intensity, K_d = diffuse intensity

K_s = specular intensity

I_i = lightsourse radiance, I_a = ambient radiance

N = surface normal, **L** = lifhtsource direction

V = view direction, n = specular power

同じ材料であっても，表面の仕上げによって外観が異なる。そのため，これらの表面には物理的な反射モデルが必要となる。しかし，一部の反射モデルを使用することは，感性評価を行う上で非常に煩雑なものになる。光線に関連した表面

特性を表現する方法はいくつかあり，反射光線の分布を直接表現する方法としてはBRDF（Bidirectional Reflectance Distribution Function）が最も正確であるが，光学デバイスを用いて材料の反射を精密に測定する必要がある [6]。BRDF以外にはTorrance, Sparrow [7] やCook [8] の表面反射モデルがある。これらのモデルはパラメータが多く，パラメータとレンダリングされた外観との関係は一筋縄ではいかない。そこで，パラメータ数が少ないこと，物理モデルがシンプルであること，異なる材料を表現することが可能であることから，Phong反射モデルを利用することにした。Phongモデルでは，材料の表面は多層化されており，各層は異なる反射特性を持っている。Phongモデルを利用することで，複雑な反射特性を持つ表面をモデル化することができる。

(2) バンプマッピングによる表面の凹凸の表現

レンダリングのほとんどの場合，ポリゴンは1グラフィックピクセルよりも大きい。図8.5の，全くのキューブと，レンガのバンプマップをした結果を比較してほしい。どちらも，キューブの1面が1つの四角ポリゴン（もしくは2つの三角ポリゴン）で構成されているモデルである。いうまでもなく，1つのポリゴンはグラフィックのピクセル単位よりはるかに大きい。

図8.3に示すように，Phongモデルでは，各ピクセルの法線ベクトルは，ポリゴンの頂点法線（隅にある太い矢印）を線形補間して得られる。各画素からの鏡面反射および拡散反射は，補間によって修正される。

より多くの表面の詳細を表現するための一つの方法として，多数の小さなポリゴンを使用する方法があるが，これはモデル構築でも表示でも多くのメモリ，計算，時間を必要とする。

そこで，多くのポリゴンを使用したり，ポリゴンを分割したりすることなく，高解像度の法線を得るために，バンプマッピング [9]–[13] という手法を用いた。図8.3（右）にバンプマッピングの基本的な考え方を示す。ポリゴン表面Pがあり，それに関数Fが作用して，P′が生成される。バンプマッピングは新しいP′の法線を取得し，それをPに反映させる。表面Pのハイトマップ（height map：高さのマップ）は（u,v）の2つ組の数値で表現される。

バンプマッピングの実装には，ハイトマップとして表現できるバンプ関数Fから法線マップを生成する必要がある。図8.4にハイトマップと生成された法線

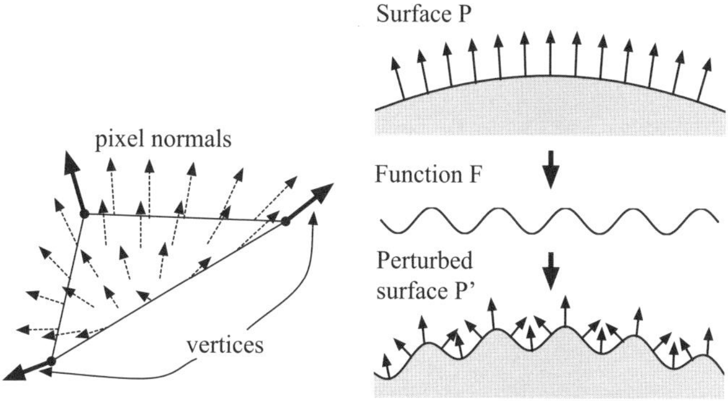

図 8.3　（左）1 つの三角ポリゴン上のグラフィックピクセルの法線
（右）バンプマッピングの基本的アイディア

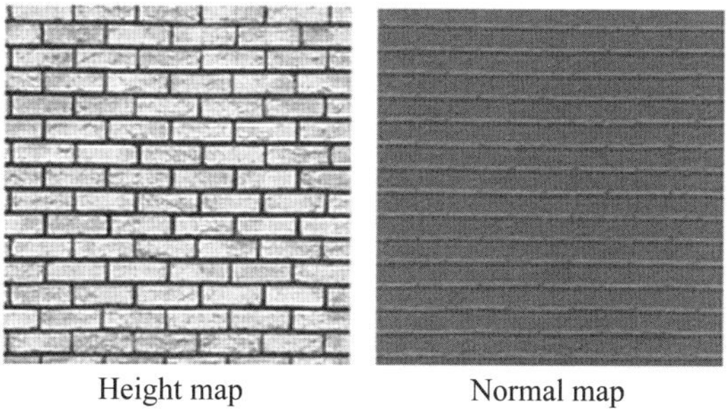

図 8.4　ハイトマップと法線マップ

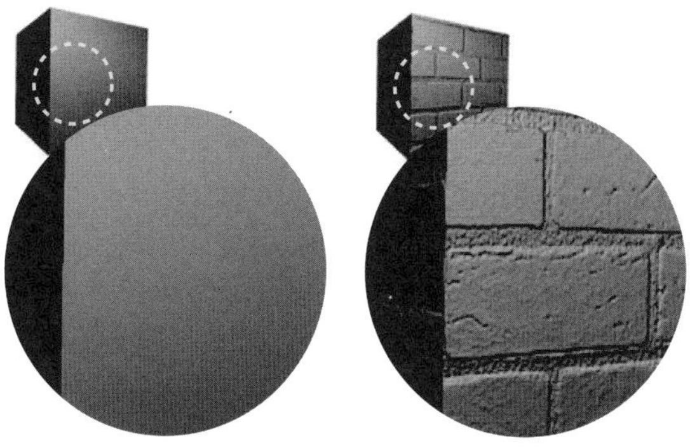

図 8.5　バンプマッピングの結果。左：バンプマッピング前，
右：バンプマッピング適用後

マップを示す。バンプマッピングの実装により，材料表面の複雑な質感を表現できるようになった。図 8.5 は，バンプマッピングを実装した場合と実装しない場合の結果を示している。

8.1.2.3　バーチャルプロトタイプシステムの構築

バンプマッピングを使用して詳細な材料表面をモデル化するには，かなりの計算時間が必要となり，CPU だけでリアルタイムレンダリングを行うには時間がかかりすぎる。そこで，リアルタイムレンダリングのためのベクタプロセッサとして GPU（Graphic Processor Unit）を使用した。

バーチャルプロトタイプシステムのフレームワークは，OpenGL の GPU 向けプログラミングライブラリである GLSL[14] を用いて作成した。OpenGL は広く使われているグラフィックスインタフェースである。GLSL はカスタムシェーダの一つであり，陰影などシェーディングの計算を定義し，GPU を利用している。

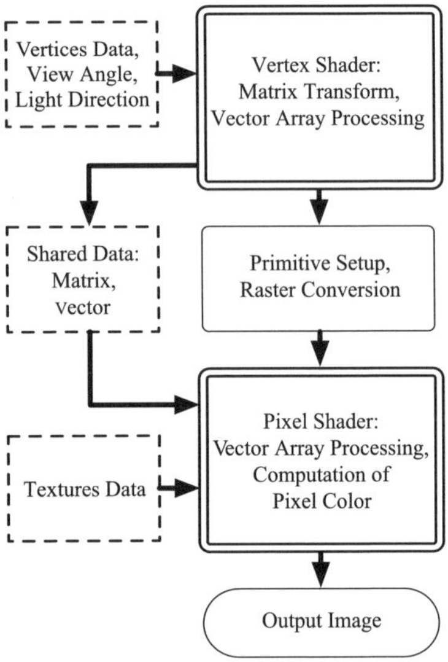

図 8.6　頂点シェーダとピクセルシェーダの処理

GLSL は，頂点シェーダ処理とピクセルシェーダ処理で構成されている。頂点シェーダはポリゴンの頂点をベクトル配列として計算し，変換した頂点をラスタライザに出力する。ピクセルシェーダは，ラスタライズされたピクセルから画像のカラーピクセルを計算する。最後に，CG 画像をディスプレイに表示する。

図 8.6 は，ポリゴンの頂点，行列，光属性，テクスチャーからグラフィックスを構築するシェーダ処理を示している。

筆者らのシステムでは，リアルタイムレンダリングで毎秒 30 フレーム以上の表示を行っており，画像 1 枚あたり約 0.01 秒以下で表示することができる。

8.1.2.4　乗用車ダッシュボードパネルの計測とバーチャルプロトタイプ作成

この研究では，実車のダッシュボードから革しぼパターンを測定し，凹凸（バンプ）を変化させたバーチャルプロトタイプを用いて感性評価実験を行った。バーチャルプロトタイプでのバリエーションが，どの程度人間の感性に影響を与えるのか，感性評価に使えるほど十分な影響があるのかを検証する。

自動車パネルの実測からバーチャルプロトタイプを作成：

表面パターンを得るために，5 台の自動車（A1, A2, W1（トヨタ Aristo, Avalon, Windom），C1（日産 Cima），T1（Volkswagen Touran）のダッシュボードパネルから革しぼパターンを測定した。ダッシュボード表面の 3 次元測定は，レーザースキャナー（ミノルタ VIVID 900 レンジファインダー）を用いて行った。図 8.7 に測定のセットアップを示す。

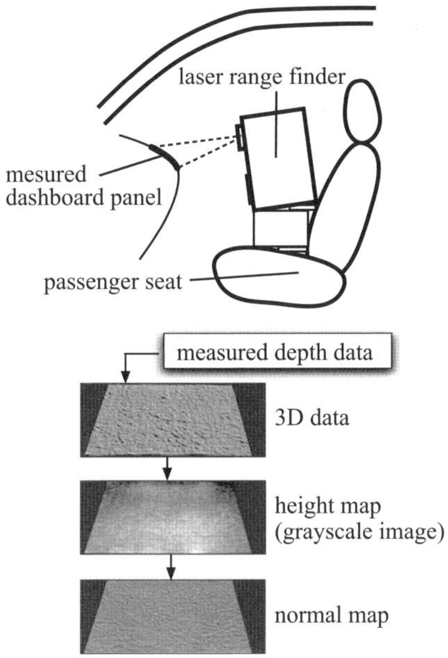

図 8.7　車のダッシュボード表面パターンの計測

モデル構築の最初のステップは，ハイトマップの作成である。レンジファインダーで計測した奥行きデータを用いて，ポリゴン編集ツール ver. 2.21（コニカミノルタ）を使用した。そして，3 次元データの中から測定誤差の小さい正方形の領域を選択し，深度を暗さとしてグレースケールマップで表現した。最後に，このグレースケールマップから法線マップを生成した。

実験では，粗さの強さを系統的に変化させ（3 種類の設定），2 種類の光の反射率を用いて，30 種類の（5 台分× 6 バリエーション）のバーチャルプロトタイプを作成した。図 8.8 にその一部を示す。図 8.8 は車 T1 の計測したパターンを元に作成したもので，左の列は光沢なし，右の列は光沢あり，第 1 行はバンプの倍率が測定値の 200%，第 2 行は 100%，第 3 行は 50%になるように，バンプのファクターを調節した。

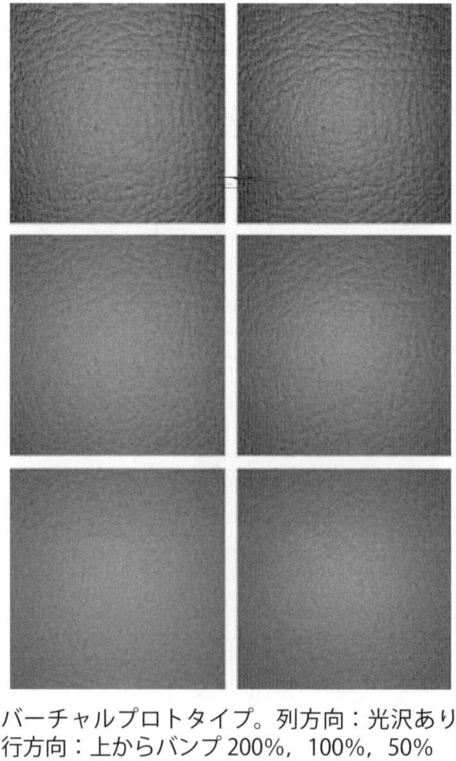

図 8.8　バーチャルプロトタイプ。列方向：光沢あり／なし，
行方向：上からバンプ 200%，100%，50%

図 8.9 は，2 次元の法線の角度 θ の分布を示している。表面粗さの強さを変えた場合の C1 の θ の標準偏差は，0.5 倍の強さで水平方向（H）に 1.40 度，垂直方向（V）に 2.05 度である。強度 1.0 倍では 2.73（H）と 4.07（V），強度 2.0 倍では 5.22（H）と 8.08（V）であった。A2 のパターンでは，×0.5 強度で 0.91（H）と 1.34（V），×1.0 強度で 1.87（H）と 2.57（V），×2.0 強度で 3.83（H）と 5.08（V）である。車による差では，C1 は A2 よりも標準偏差が約 1.5 倍大きい。

感性評価実験は，48 の感性ワードペアからなる SD 尺度質問紙を用いて実施した。用いた単語は，[15] を参考にしたもので，様々な製品開発のケースでよく

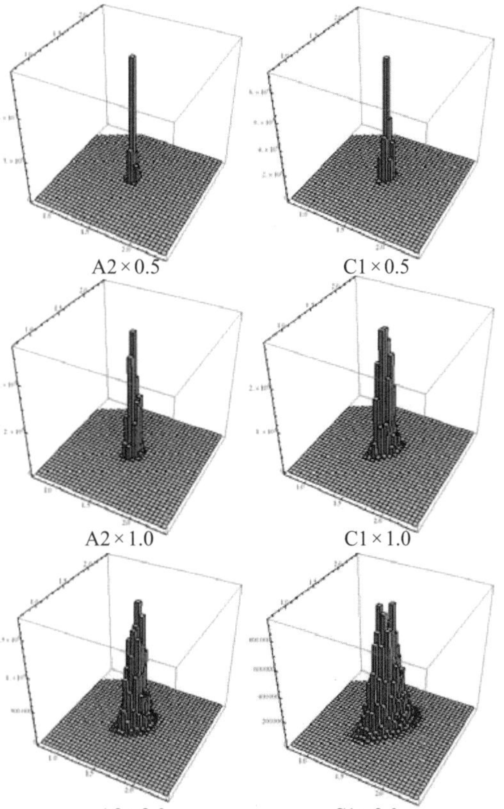

図 8.9　法線の 2 次元の回転角度 θ の分布。車種 A2 と C1 の革しぼパターンとバンプ倍率

使われる感性ワードが含まれている。評価には大学生 21 名（女性 9 名，男性 13 名）が参加した。評価の際には，被験者が十分に見えるように，視野角と光の方向を操作した。

8.1.3　分析結果

8.1.3.1　感性の構造

感性評価のデータを主成分分析を用いて分析した。第 1 主成分の寄与率は 77%，第 2 主成分は 7%，第 3 主成分は 2%であった。図 8.10 左は主成分負荷量をプロットしている。第 1 主成分では，右側に「モダンな」，「ごてごてした」，「ざらざらした」，「粗い」，「暖かい」が位置し，左側に「冷たな」，「シャープ」，「質素な」，「ナチュラルな」，「単調な」が位置している。PC1 は「モダン vs ナチュラル」という軸で名付けることができるだろう。第 2 主成分については，「華やかな」や「個性的な」が下側に，「地味な」が上側に位置している。PC2 は「装飾性」と名付けられる。さらに，第 1 主成分は革の特徴的な質感をよく表していると考えられる。この結果から，参加者はバーチャルプロトタイプの立体感を意図した通りに認識していたことが示される。

いくつかの顕著な対極構造をみることができる。右上には「男性的な」,「暗い」,「硬い」があり，左下には「女性的」，「柔らかい」，「優しい」などがある。もう一つの対位構造は，右下に「ユニーク」，「派手」，「個性的な」，左上に「地味な」がある。

8.1.3.2　凹凸，光沢と感性の関係

主成分分析の結果から，バーチャルプロトタイプの主成分スコアを求めた。図 8.10 右にパネルプロトタイプと軸の主成分スコアを示す。各ドットはプロトタイプを表している。ラベルの第 1 項は車名，第 2 項はバンプ（表面凹凸）の倍率，括弧内の項は光反射率を示す。(“n” は「光沢なし “not glossed”」であり ● で示している。“g” は「光沢あり “glossed”)」で ○ で示している。)

バンプの倍率は，感性評価に著しい影響を与えていることが見て取れる。0.5 倍のバンプ（凹凸）は，すべて図 8.10 右の左側，第 1 主成分のマイナス側に位置している。したがって，「地味な」，「シンプルな」，「軽い」の方向である。1

倍のバンプはほぼ中心付近にある。2.0 倍のバンプは中心から右側に分布していて，第 1 主成分のプラス側，「個性的な」，「凹凸のある」，「新しい」，「リアルな」，「3 次元的な」の方向である。

図 8.10 右中の囲みは，同一のパネルサンプルからのバリエーションを示している。どのサンプルであっても，×0.5 は最も左側，×2.0 は最も右側に位置している。人間の感性は，このように凹凸の変化には大変敏感であることがわかる。

光沢の有無（Glossy / not glossy）は，バンプほどの強い効果は見当たらない。バンプ 0.5 倍と 1.0 倍のサンプルにおいては，分布に対して一貫した傾向はない。しかし，2.0 倍バンプのサンプルでは，一貫して，光沢なし（n）のサンプルより，光沢あり（g）のほうが右側に移動している。

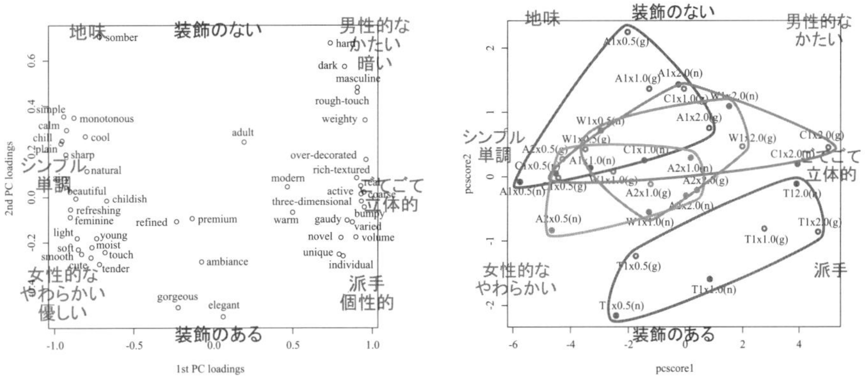

図 8.10　（左）バーチャルプロトタイプの主成分負荷量，（右）主成分スコア

8.1.3.3　バンプ倍率と光沢の影響の検証

図 8.10 では，バンプの倍率が大きいサンプルは右側に位置し，小さいサンプルは左側に位置している。元の車の革しぼパターンの差も影響している。5 種類の車／3 種類のバンプ倍率／光沢の有無の 3 要因の分散分析の結果，多くの感性ワードにおいて主効果も交互作用も見られた [1]。一例として，「女性的な」では，革しぼパターン，バンプの倍率，光沢あり／光沢なしに有意な主効果があった。パターンとバンプ倍率の間の交互作用も有意にあり，図 8.11 に示すように，

パターンと光沢あり／光沢なしも交互作用があった。「男性的な」も同様に，革しぼパターン，バンプの倍率，光沢あり／光沢なしに有意な主効果が，パターンとバンプ倍率の間の交互作用，パターンと光沢あり／光沢なしの交互作用も有意。バンプ倍率が小さいほど女性的，大きいほど男性的である。

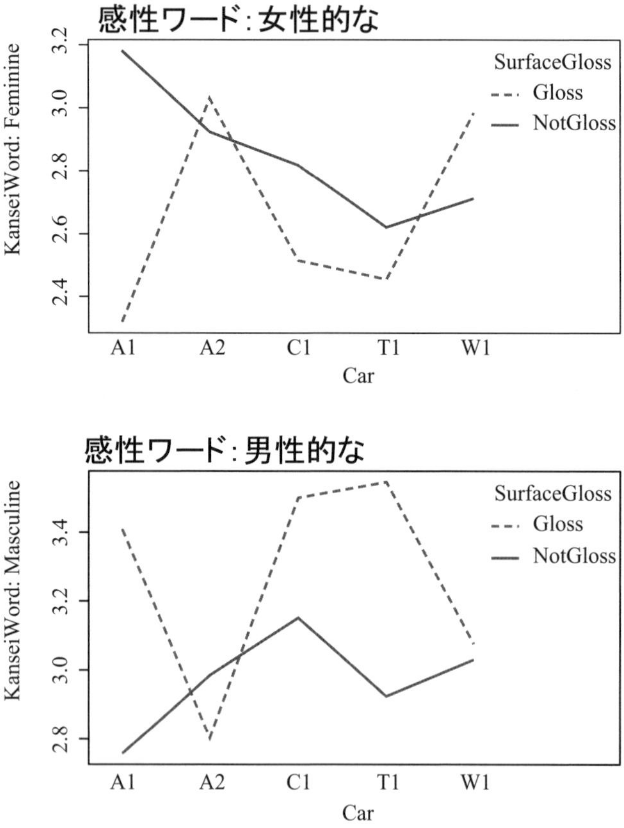

図 8.11　光沢の有無の効果。上段：女性的な　下段：男性的な

8.1.3.4　考察と検証への影響

本節の分析結果は，感性の対極構造と，表面のパラメータが一致することを示している。主成分分析の結果で対極に位置する，「優しい」と「硬い」では，バ

ンプの倍率との関係も真逆であった。「女性的な」に対する「男性的な」では，バンプ倍率に加えて，光沢有無も逆であった。「派手な」に対する「地味な」ではバンプ倍率が逆であった。このように，感性評価での関係と，表面の物理的パラメータの関係が一致していることが観測された。

これら以外にも，代表的な感性ワードはどれもバンプ倍率や革しぼパターンが大きな影響を与えている。また，女性的，男性的ななどでは，光沢の有無も大きな影響がある。感性ワードの中には，パラメータ間の相互作用があるワードも存在している。また，これまでに議論した言葉以外に，「軽い」，「女性的」，「さわやか」では，バンプ倍率で主効果があり，さらに 3 つの因子間で相互作用がある。

総合的には，バンプ倍率に基づく表面粗さの変化が最も大きく影響している。また，交互作用効果から，さまざまな車両の表面パターンの特異性が示唆された。各車の差は統計的な尺度でも示されている。表面パターンの分布，表面粗さの強さ，光沢の分布が感性評価値に影響を与えている。したがって，魅力的な製品を作るためには表面仕上げの微調整を慎重に行う必要があることを示唆している。

8.2　庭の 3D CG, VR

3 次元 CG の活用では，個人住宅の庭園のシステムも構築した。個人庭園の多数の写真を評価してもらい木々や庭石のレイアウトと感性の関係を分析した。その結果を感性工学システムとして構築した。庭は日照による影の変化が重要であるので，時間変化による影の変化を表現するために独自のレンダリングエンジンを開発してシステム化した。

8.2.1　感性評価実験

長野，北海道，広島の 3 か所で撮影されたさまざまな個人庭園の写真 150 枚を収集した。地域差が大きいことが想定されたため，この 3 か所から集めた。その中から 47 枚を選んで，感性評価に用いた。複数枚の写真を Photoshop でつなぎ合わせて横長にした画像を液晶プロジェクターで投影した。19 名の学生，13 名の男性，6 名の女性が，無報酬で参加した。感性評価用紙は，26 ペアの感性ワードペアで構成した。感性ワードは 11 名の庭園・造園の専門家から収集されたものである。評価実験は2004年に実施された[16][17]。

個人庭園のデザイン要素を整理した結果，32種類の変数（数量化理論I類でいうところのアイテム），各変数のバリエーション（数量化理論I類でいうところのカテゴリー）の総和は89となった。アイテムには，石のサイズ（大／中／小），石の構成，玉砂利，踏み石，敷き煉瓦などの庭を構成する要素の有無やバリエーションがある。

デザイン要素と感性との関係の分析は，PLS回帰分析を用いて行った。上に記したように，変数のバリエーションがサンプル数よりも大きいので，通常の最小2乗法では計算できない。そこでPLSを用いた。例として“癒しを感じる”に対応する庭は，大きな石が単独で立っているよりは6つ以上の中ぐらいの大きさの石が非直線上に配置されていること，6～10の踏み石があること，モダン和風が適していて，松の木が一本，高い石灯籠があることといった結果が得られる。

2006年に，上記の個人庭園の感性工学研究の結果，感性工学VRシステムとして試作した[18]。これはJava3Dをフレームワークとして Javaで記述した。表示は通常のディスプレイを使うものと，偏向板をつけたプロジェクター2台からの画像の重ね合わせを，偏向板グラスをつけて立体視するものの2バージョンを作成した。

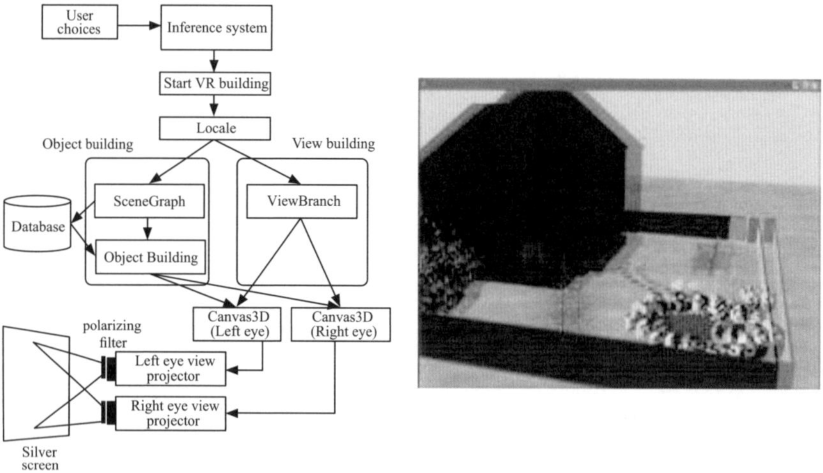

図8.12　2006年の立体視システムとその画面

ただし，その結果は満足がいくものではなく，当時の Java3D に起因する問題として，複数物体を置くと陰影がおかしくなることに悩まされた。感性工学システムとして，1 枚の出来上がったシーンをレンダリングするのではなく，ユーザーの入力にしたがってオブジェクトを動的に配置し，石や木などを追加したり移動したりするインタラクティブ性を持つ必要があり，これは大きな障害となった。

図 8.13 は 2007 年の改良版の画面である。竹垣や地面にはテクスチャーが反映されているが，石や木についてはテクスチャーがない。当時は平面にしかテクスチャーが適用できず，プラスチックのように見えてしまう。また，Java 3D でのオブジェクト配置指定のシーングラフの巨大さ，ポリゴン数の制限，不安定さなど，問題が山積みしていた。2000 年代半ば当時のリアルタイム 3D は，ゲーム開発の専門会社以外にはハードルが高いものだった。

図 8.13　2007 年の感性工学 3D システムの画面

8.2.2　3D Rendering Framework EXEV-J

先に述べた問題を解決するために，筆者らはオリジナルのレンダリングフレームワーク Easy eXpandable Environment for Vr on Java（EXEV-J）を開発した [19]。これは，一般的な 3D レンダリングエンジンである OpenGL にも Java3D にも依存せず，感性工学で必要なレンダリングを行うために新規開発した描画エンジンである。EXEV-J は Java で書かれているので，ほぼどんな OS でも動作する。

EXEV-J は 3D オブジェクトで一般的な OBJ ファイル形式で，個々のパーツを読み込む。モデルとシーンの座標系について，ローカル，ワールド，ビューポイント，クリップ，スクリーンの4つを持っている。レンダリング結果のラスタライズ，カラーサンプリング，テクスチャーマップの機能はもちろん備えている。Javaのグラフィックスシステム，AWTのCanvasクラスの拡張として，描画が行われているので，標準的なGUIプログラミングがそのなかで行える。また，ステレオビジョンによる立体視も実装した。

8.2.3 シャドウの実装

この当時，影を落としたシーンのレンダリングはまだ珍しく，また難しかった。先に述べたように，比較的簡単に使えるグラフィックのライブラリーには自動で影を計算して落とす機能はついていないのが普通だった。一方，これも先に述べたように，庭のグラフィックには，日照を表現するために影の表現が欠かせない。そこで直交変換により，影を落とす機能を追加した。また，オブジェクトの影が他のオブジェクトに落ちる効果を正確に表すために，奥行き方向の順を記録し，再描画のときにそれを反映するようにした。影の形はShadow Bufferに記録される。Shadow Bufferは，実際の描画スクリーンサイズより大きく設定され，これにより視点が移動しても高速かつスムーズな影を反映することができた。

8.2.4 感性工学システム構成

システムには，カテゴリースコア，デザイン要素表，3Dオブジェクトおよびテクスチャーの3つのデータベースがある。ユーザーの感性ワードの選択により，デザイン要素のバリエーションから最大のカテゴリースコアのものが選ばれる。3Dモデルのポリゴンデータとテクスチャーデータが3D Canvasへ送られ，ステレオビジョンのために2画面が形成される。そして描画コマンドがRender 3Dモジュールに送られ，ラスタライズされる。Walk-throughタイプのシーン内の移動が可能である。図8.15に示す例では，樹木のモデルはGoogle Sketchupのパブリックドメインモデルレポジトリーにて提供されているものを使っていて，樹木のディテールがかなり詳細に表示されている。図の例は，“癒し感のある”庭のレンダリングを，いくつかの視点から見た画面である。岩石などの物体にテクス

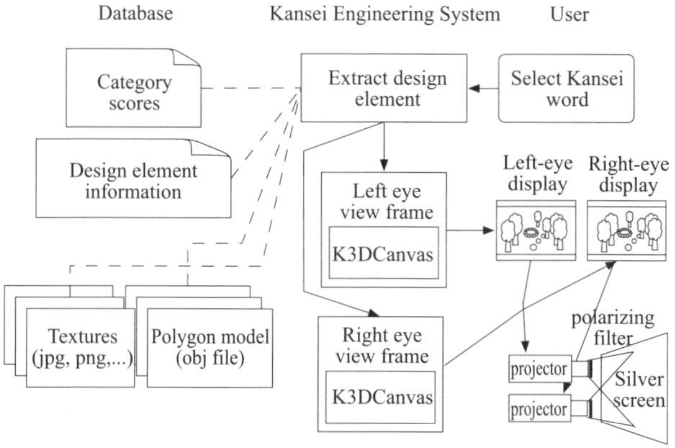

図 8.14　EXEV-J 感性工学システムの構成

図 8.15　癒やし感のある庭園デザインの例，さまざまな視点から

図 8.16　日照角度による影の違い

図 8.17　立体視（上：交差法，下：平行法）

チャーが反映されている。図 8.16 では，日照の傾きによる影の違い，図 8.17 は立体視を示している。

8.2.5　システムパフォーマンスの検討

このシステムでは，最大規模の庭園オブジェクトの組み合わせで，約 5 万 6000 ポリゴンの描画になっていて，平均的な規模の庭では 3 万～ 5 万ポリゴンとなっている。2010 年当時のノートパソコン（Apple MacBook Pro（Intel Core2 Duo 2.16 GHz, 4 GB memory, ATI Radeon X1600 with 128 MB VRAM）で，640480 ピクセル解像度画面が左右 2 面分，5 万ポリゴンのデータで，立体視では 8 フレーム／秒，単眼視の 1 枚画面では 15 フレーム／秒のパフォーマンス，3 万ポリゴンの軽量の庭データの場合，立体視で 13 フレーム／秒，単眼視で 26 フレーム／秒であった。システム自体は，フル HD（1920 × 1080），2K（2048 × 1080）解像度も対応可能である。現在のパソコンだと，これらは楽に達成できる。

このシステムの開発は，当時のリアルタイムレンダリングの限界と，移植性の両方に挑んだ試みであった。現在では Unity や Unreal Engine のような高機能なゲームエンジンが登場し，パソコンの性能も飛躍的に進歩したので，これらの苦労はあまり必要とされない。

8.3　室内照明環境の VR と感性評価

2013 年以後，PC ベースの VR が実用的になり，VR 応用が容易になった。筆者らは 2014 年に室内照明環境の VR による感性評価の研究を行った [20]。住宅内装，インテリアデザインは，研究の歴史の始まりから，感性工学の主要な応用分野の一つである [21]。1974 年に発表された最初の感性工学の研究論文は，部屋の色彩についての感性であった [22]。その後，インテリア [23] や照明 [24] についても研究された。インテリアには膨大な選択肢があり，一般の人には判断が難しく，感性工学による支援が重要視されてきた。

8.3.1　インテリアデザインにおける感性工学の難点

感性工学はインテリアデザインについて応用可能であるが，いくつかの難点があった。A）インテリアデザインはさまざまな構成要素の空間的な集合体であり，感性評価のためのモデルルームを作るには，時間と空間と予算がかかる。B）既存の部屋の写真は感性評価には適さない。C）写真を見ただけでは大きさや空間の感覚をつかむことが難しい。D）変数の数が多すぎて数学的な解析ができない。D の問題については，解析手法の発展とともにかなり緩和されてきた。

住宅・建築に関する感性工学研究で最も期待されている技術は，バーチャルリアリティ（VR）である。これには次のような利点がある。①部品での制限がなく，3D CAD でほぼあらゆる内外装を作ることができる。②管理された実験。部屋の大きさや照明などの環境変数を制御することができる。③空間認識 VR を用いて室内空間の没入感のある視覚体験を実現することができる。

感性工学での VR アプリケーションは，最近開発された試みではない。松下電工（現パナソニック）では，1994 年から 1996 年にかけてキッチン VR システムを開発し多くの顧客に利用された [3]。このシステムは，3 万点の部品から構成されたシステムキッチンのレイアウトを支援し，複合材料を可視化することができる。SGI ONYX RE2 グラフィックコンピュータを 2 台使用し，システム構築に 3 億円以上を必要とした。感性工学データベースには主婦のライフスタイルの調査と分析が含まれている。当時，VR の世界最高の産業応用であった [25][26]。

本研究では，リビングルームの VR を構築し，感性工学評価への妥当性を検証した。Q1. 立体視 CG や VR が感性評価に十分な品質を持っているかどうか。求められるのは，表面の質感，段差，照明，影などのディテールである。また，リアルタイムのステレオグラフィックスの速度も重要である。感性評価に十分な品質でなければ，刺激のバリエーション（デザイン要素の組み合わせの違い）が完成評価に影響を与えることができない。十分な品質であれば，独立変数のバリエーションが評価に大きく影響するはずである。Q2. 感性評価に最適な VR ディスプレイデバイスはどれか。3D ディスプレイ，3D プロジェクション，HMD などが一般的である。感性は特定の表示デバイスに依存しているのかどうかが課題となる。

第 1 回目の感性評価実験では，感性評価のための VR 品質を検証する。第 2 回目の実験では，感性評価のための VR 表示デバイスの違い，長所と短所を検証する。

8.3.2　シャドウパーティションと実験に用いた刺激

“シャドウパーティション”とは，照明や影を使って特殊効果を与え，部屋の薄暗い部分を意図的に作り，それを間仕切りとして活用するアイデアである。日本を代表する建築家・デザイナーである棚瀬純孝（SANAA）と中島龍興（中島龍興照明デザイン研究所）によって考案されたものである [27]。この研究では，シャドウパーティションの設定によりリビングルームがどのように感性評価が変化するか，その効果を調べた。

VR を用いた初期評価実験では，広いリビングルームをモデル化し，照明を制御することによりシャドウパーティションを表現した。部屋は 6 つのエリアに分

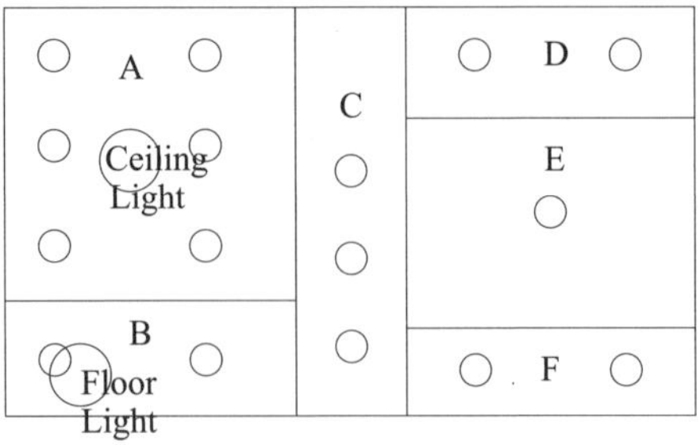

図 8.18　照明の設定

割した（図 8.18）。各エリアにはダウンライトがある。A エリアには大きなシーリングライトがある。B エリアには読書用のフロアライトを設置，朝，昼，夜の 3 つの環境光条件に沿って部屋のサンプルシーンを設定した。朝の条件は 5 パターンの内照灯，昼の条件は 5 パターン，夜の条件は 11 パターンの照明の組み合わせを実施した。

図 8.19　感性評価サンプル（昼，ダウンライト点灯）

図 8.20　感性評価サンプル（夜，全ライト点灯）

8.3.3　感性評価実験 1（シャドウパーティション）

実験設定：刺激は 3D プロジェクター（120Hz, 800 × 600, BenQ MS612ST）で与えた。実験には，照明条件の異なる 21 個のサンプルを使用した。部屋のシーンは 3D CAD で設計し，Unity（www.unity3d.com）を用いて作成した。3D 投影は nVIDIA3DVision フレームワークで制御した。120Hz（片目 60Hz）の赤外線シャッターグラス（液晶シャッター http://www.nvidia.com/object/3d-vision-main.html）を使用した。被験者は Xbox コントローラ（Microsoft 社）を使用して，シーンの中を歩くことができる。

投影画像サイズは対角 72 インチで，水平視野角は 30 度，被験者からの垂直角度は 23 度であった。

被験者は，教員と大学院生の女性 9 名，男性 10 名。評価実験は 2 つのセッションに分かれている。第 1 セッションは朝と昼の 10 サンプルで評価を行った。第 2 セッションは夜の 11 サンプルである。評価サンプルの順序は無作為化した。凝視時間は 1 サンプルあたり 1 分とした。感性評価シートは，69 個の感性ワードペアで構成されている。

図 8.21　3D プロジェクターを使った感性評価。
すべての照明をつけた条件

分散分析の結果：各感性ワードについて，一要因の分散分析（ANOVA）を行った。感性ワードの多くで，サンプル間（要因）で評価の差がある。たとえば，「プレミアムな」はサンプル間で有意な差がある（df=20，F=2.19，p<0.0026）。「生き生きとした」にも有意な差がある（df=20，F=5.56，p<0.0001）。

8.3.4 主成分分析の結果

第 1 から第 4 までの主成分は固有値が 1 よりも大きいので，この 4 つの PC を意味のあるものとみなし，その主成分負荷量と主成分スコアを計算してプロットした。

図 8.22 は，PC1 と PC2 の主成分スコアのプロットである。夜間のサンプルはプロットの右側に位置していて，「明るい」，「生き生きとした」の感性を印象づけている。昼のサンプルは，左側に配置されていて「暗い」，「地味な」と評価されている。これはダウンライトの多さに関係していると思われる。右上 2 時方向のサンプルは，「立体感がある」，「変化にとんだ」と評価されている。これは部分的なダウンライトの効果だと考えられる。

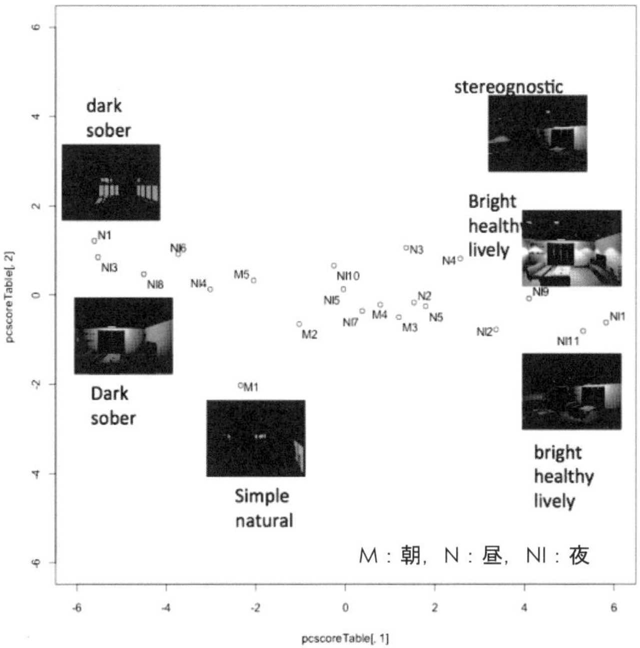

図 8.22　主成分スコア，PC1 × PC2

8.3.5　感性評価実験 2（表示デバイスの違い）

次に，表示デバイスの違いが，どのように感性に影響を与えるかを調べた。デバイスそれぞれに特徴があり，知覚してほしい目的によって使い分けを考えるべきだろうというのが仮説である。

以下の 4 つのデバイスを用いた。液晶モニターは，一般的に手に入る反面，あまり大きい視野角で見ることができない。また，複数人で見ることはほぼ不可能である。プロジェクターだと大きいスクリーンで，複数人で見ることができる。ヘッドマウントディスプレイ（HMD）だと，見る人の頭部の運動に一致でき，立体視も鮮やかで大きなメリットがあるが，同時には 1 人しか見ることができないことと，頭部への重量負荷がある。

1）　一般的な 2 次元液晶モニター：23 インチ，解像度 800 × 600 に設定，リフレッシュレート 60Hz, LG Electronics LG W2363D，実験時の被験者から見た，表示部分の実効視野角は水平方向 30 度，垂直 23 度。

2）　3 次元液晶モニター：1 と同じモニターを，120Hz（片目 60Hz を切り替え），3D Vision モードで使用。視野角は 1 と同じ。赤外線シャッターグラスを使用する。

3）　3 次元プロジェクター：解像度 800 × 600 に設定，120Hz（片目 60Hz を切り替え），BenQ MS612ST。視野角水平方向 30 度，垂直方向 23 度の位置に設定。2 と同じシャッターグラスを使用する。

4）　VR 用ヘッドマウントディスプレイ：片目解像度 800 × 800 相当の両眼立体視，75Hz，Oculus DK2, Oculus VR LLC。

解像度は，どのデバイスでもほぼ同様になるように設定した。HMD の Oculus DK2 は，片目あたりの視野が横よりも縦方向が若干広い視野なので，実質は 800 × 600 相当の解像度とあまり違わないと思われる。また，画面の輝度を測定して，4 つのデバイスでほぼ同じ 0.05 cd/m^2 になるように調整した。実験室の照度は 33.0 lx に設定した。

感性評価に用いた感性ワードは 44 ペア。37 ペアは実験 1 と同じで，7 ワードは，Witmer [28] の没入度質問紙から取っている。図 8.23 は夜の条件のシーンで，フロアライトとダウンライト B を点灯した設定である。被験者は 8 人の男性と 1 名の女性，いずれも大学生である。

図 8.23　VR 表示デバイスの違いの実験に使用したシーン

8.3.6　分析結果

図 8.24 に，主成分負荷量とスコアをプロットした。2D ディスプレイは，「平面的な」「暗い」「かわいい」が該当する。3D ディスプレイは，「子供っぽい」「非日常的な」，3D プロジェクターは 3D ディスプレイのほぼ対極になり「やさしい」「フォーマルな」「自然な」「健康的な」になる。VR HMD は 2D ディスプレイのほぼ対極で，「エレガントな」「独特な」「暖かい」「リアルな」「立体感のある」「パワフルな」などが該当する。一元配置分散分析で，デバイス間の違いを感性ワードごとに検討した。「平面的な」と「3 次元的」の 2 つの言葉に大きな違いがあった（$p<0.01$）。「高級感のある」「美しい」「活動的な」「かたい」「クリーンな」「リアルな」「パワフルな」にも有意な差があった（$p<0.05$）。「渋い」「ゴテゴテした」「ファッショナブルな」「多様な」「非日常な」「高級感のある」「独特な」は，統計的に有意ではないが，小さな差があった（$p<0.1$）。

第 2 実験の結果を総合すると，HMD では「リアリティ」「立体感」「パワフルな」という感性評価が優れており，対象のディテールを評価するのに向いていると考えられる。実質の解像度をディスプレイやプロジェクターと合わせても，なおこれらが突出しているということは，頭部を動かして見回すという身体性が大きく貢献しているのではないかと考えられる。一方，3D プロジェクターは，「ナチュラル」「やさしい」「健康的な」「フォーマルな」という感性評価であり，人

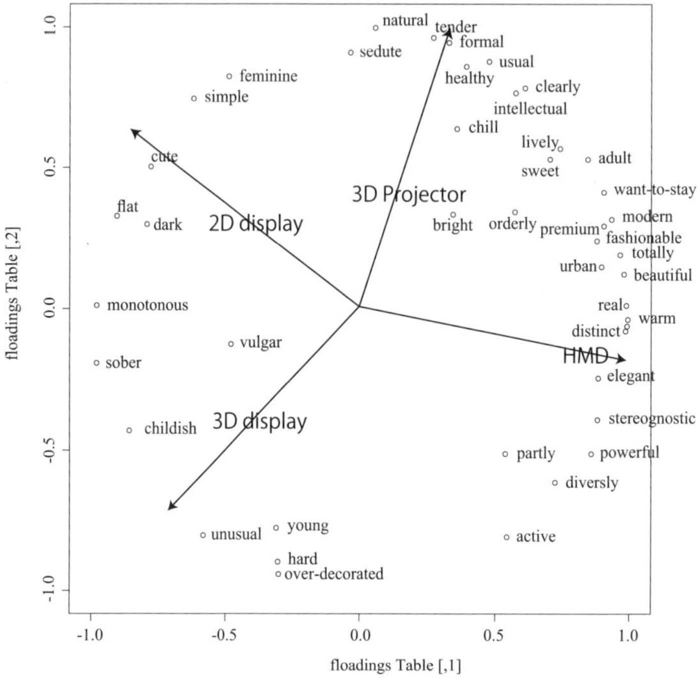

図 8.24　VR 表示デバイスの違い：主成分負荷量と主成分スコア

工的な感じを減少させるのに適している。同時に複数人が見ることができる点でも，デモンストレーションと実験場面の両方で大きな利点である。

実験 1 と 2 の結果を総合すると，部屋の照明デザインのバリエーションが感性評価に大きく反映されている。したがって感性工学において立体視や VR で環境を表現することは，十分に有効であると考えられる。また，デバイスの差も大きく，HMD と 3D プロジェクターが適材適所で有効活用できる。

VR については，2013 年初頭の Oculus DK1 の登場以降，技術もコンテンツも急激に発展している。[29] に 2013 年からの VR の急激な立ち上がりについて記している。2015 年以降は，Microsoft Hololens に代表される Mixed Reality ハードウエア＋位置クラウドデータの応用，表示技術としては，Looking Glass（https://lookingglassfactory.com）に代表される，大型の多視点裸眼立体視ディスプレイなどのイノベーションがあり，感性工学へのさらに多様な応用が期待される。

参考文献

[1] T.Matsubara, Y.Matsubara, S.Ishihara, S.Inokuchi：Virtual Prototyping with Real-Time Rendering for Kansei Engineering of Leather Grain Patterns on Car Dashboard Panels, Transactions of Japan Society of Kansei Engineering, Vol.9, No.2, pp.119-128, 2010.

[2] T.Jindo, K.Hirasago, M.Nagamachi：Development of a design support system for office chairs using 3-D graphics, International Jounal of Industrial Ergonomics, Vol.15, No1, pp.49-62, 1995.

[3] J.Nomura, K.Imamura, N.Enomoto, M.Nagamachi：Virtual Space Decision Support System Using Kansei Engineering, in Cyberworlds; edited by T. Kunii, A. Luciani, Springer Japan, pp.273-288, 1998.

[4] D.A.Kleffner, V.S.Ramachandran：On the perception of shape from shading, Perception & Psychophysics, Vol.52, No.1, pp.18-36, 1992.

[5] B.T.Phong：Illumination for Computer Generated Pictures, Communications of the ACM, Vol.18, No.6, pp.311-317, 1975.

[6] G.J.Ward：Measuring and Modeling Anisotropic Reflection, Computer Graphics, Vol.26, No4, pp.265-272, 1992.

[7] K.E.Torrance, E.M.Sparrow：Theory for Off-Specular Reflection From Roughened Surfaces, Journal of the Optical Society of America, Vol.57, No.9, pp.1105-1114, 1967.

[8] R.L.Cook and K.E.Torrance：A Reflectance Model for Computer Graphics, Computer Graphics, Vol.15, No.3, pp.307-316, 1981.

[9] J.F.Blinn：Simulation of wrinkled surfaces, Computer Graphics, Vol.12, No.3, pp.286-292, 1993.

[10] M.J.Kilgard：A Practical and Robust Bump-mapping Technique for Today's GPUs, Proc. of Game Developers Conference, San Francisco, pp.1-39, 2000.

[11] A.Watt, F.Policarpo：3D Games; Real-time Rendering and Software Technology, Pearson Education, Upper Saddle River, New Jersey, 2001.

[12] M.Pharr, G.Humphreys：Physically Based Rendering: From Theory to Implementation, Morgan Kaufmann, San Fransisco, California, 2004.

[13] T.Moller, Eric Haines：Real-Time Rendering, A.K.Perters Limited, Wellesley, Massachusetts, 1999.

[14] OpenGL website, http://www.opengl.org/.

[15] S.Ishihara, K.Ishihara, M.Nagamachi, Y.Matsubara：An automatic builder for a Kansei Engineering expert system using self-organizing neural networks, International Journal of Industrial Ergonomics, Vol.15, No.1, pp.13- 24, 1995.

[16] T.Matsubara, S.Ishihara, M.Nagamachi, and Y.Matsubara：Kansei Analysis of the Japanese Residential Garden and Development of a Low-Cost Virtual Reality Kansei Engineering System for Gardens, Advances in Human-Computer Interaction, vol.2011, pp.12, 2011. https://doi.org/10.1155/2011/295074/.

[17] 長町三生(研究代表), 石原茂和 , 西野達夫 , 岩城達也：こころを癒す庭園設計の感性工学 , 平成 17 年度＝平成 18 年度科学研究費助成金 , 基盤研究(C) 研究精華報告書 , 平成 19 年 3 月 .

[18] M.Nakahara, S.Ishihara, M.Nagamachi, and Q.-W.Ge：PLS analysis of Kansei evaluation data and hand-made VR Kansei engineering system, Proceedings of the International Conference on Kansei Engineering and Emotion Research (KEER'07), Sapporo, Japan, 2007.

[19] T.Matsubara, S.Ishihara, M.Nagamachi, and Y.Matsubara：Kansei Analysis of the Japanese Residential Garden and Development of a Low-Cost Virtual Reality Kansei Engineering System for Gardens, Advances in Human-Computer Interaction, vol.2011, pp.12, 2011. https://doi.org/10.1155/2011/295074/.

[20] S.Ishihara, G.Masuda, M.Nagamachi, K.Ishihara：Virtual Reality for Kansei Engineering Evaluation on Living Room, Proc. of 7th Int. Sympo. on Temporal Design (ISTD-07), 2015.

[21] M.Nagamachi：An image technology expert system and its application to design consultation, International Journal of Human-Computer Interaction, Vol.3, No.3, pp.267-279, 1991.

[22] 長町三生 , 瀬沼勲 , 岩重律子：情緒工学の研究 , 人間工学 , Vol.10, No.4, pp.121-130, 1974.

[23] 長町三生ほか：室の雰囲気に関する感情分析 , 人間工学 , Vol.13, No.1, pp.7-14, 1977.

[24] 長町三生ほか：室内照明の情緒工学的研究 , 人間工学 , Vol.21, No.5, pp.265-272, 1985.

[25] N.Enomoto, J.Nomura, K.Sawada, K.Imamura and M.Nagamachi：Kitchen planning system using Kansei VR, Anzai et al., Eds., Symbiosis and Human and Artifact, Elsevier, pp.185-190, 1995.

[26] J.Nomura and K.Sawada：Virtual reality technology and its industrial applications, Control Engineering Practice, Vol.7, No.11, pp.1381-1394, 1999.

[27] 「くらしとあかり」プロジェクト実行委員会：これからのくらしとあかり ― 世界で一番やさしい照明の入門書 , エクスナレッジ , 2009.

[28] B.G.Witmer and M.J.Singer：Measuring Presence in Virtual Environments: A Presence Questionnaire, Teleoperators and Virtual Environments, Vol.7, No.3, pp.225-240, 1998.

[29] 徳岡正肇(編)：ゲームの今 ゲーム業界を見通す 18 のキーワード , SB クリエイティブ , 石原茂和：第 13 章 バーチャルリアリティ , 2015.

第 9 章　感性工学の介護への展開

9.1　褥瘡発生の原因と褥瘡予防用マットレスの開発

褥瘡《じょくそう》を発症する患者は特に高齢者に多いが，年齢に関係なく長時間ベッドに伏せている人たちに褥瘡で苦しむ人が多い。人間工学的知見を活用して褥瘡を防止もしくは軽減するマットレスを開発し，褥瘡治療に有益であることを確認し，現在活用されている。

褥瘡は，高齢者などが長時間にわたって床（ベッドなど）に伏せていると，体重の重みで背部の血管が押しつぶされて血管障害が発生し，皮膚の一部が破れて大きなできものになる病気のことである。そこによくない黴菌が増えひどくなれば死亡に至ることもある。処置としては，介護士の手で横向きなどの体位変換をとり，アルコールでなく水分を与え，ガーゼなどで黴菌が増殖しないような手当で抑えることができる（ポケット法対応）。

血流が停止しないように約 2 時間ごとの頻度で体位変換をすることになるので，介護士の負担となる。褥瘡認定介護士制度が誕生して専門的な介護が可能になり褥瘡患者の発生率が少なくなったが，自宅での患者が入院して病院へ持ち込むなどで，大きな改善に至らない。

長町らは 1968 年から地元のベッドメーカーと良質なベッド開発を手掛けいくつか成功している経験から，褥瘡を起こさない，もしくは褥瘡を寛解させるマットレスの開発を，松下電工，東洋紡，地元のハッピー，広島国際大学の共同で研究した。日本褥瘡学会からの，マットレスの体圧分散値が 32mmHg 程度であれば褥瘡が発生しないとの指示を頭に置き，マットレス 1 枚，2 枚重ね，3 枚重ねで，この数値になるように組み合わせて体圧分散値を測定した。組み合わせの合計 80 種類の異なるマットレスで実験を重ね，ついに特定の 2 枚重ねで求める体圧分散値を実現し「寝心地がよく褥瘡を防止できる」マットレスが完成した。このマットレスを完成するために「気軽に寝返りができる，沈みこまない，反発性がある，寝心地がよい」といった実態が生まれるような感性ワードの探索調査を実施し，東洋紡と相談のうえ，同社の主力素材「ブレスエアー素材」を取り込んだマットレスを試験用に利用した [1][2]。

図 9.1 は最終的に採用された素材「ブレスエアー」であり，図 9.3 と図 9.4 は 82 歳の高齢者による背部血流量の測定結果を示す。図 9.3 は市販のマットレス，図 9.4 はブレスエアー素材のマットレスの結果である。前者では背部血管を流れる血流はわずかしか認められないが，後者の新素材組み合わせのマットレスは本人のわずかな動きに反応して大きな血流を示していた。これは褥瘡発生を予防する，あるいは褥瘡を寛解に導くことを示唆したデータである。

図 9.1　新素材「ブレスエアー」

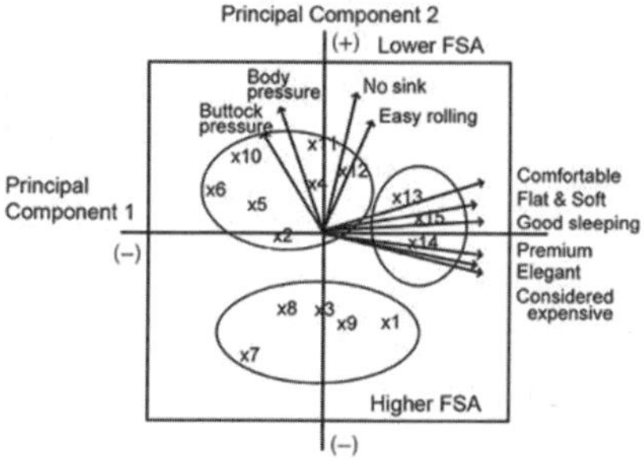

図 9.2　選ばれた 15 台のマットレス

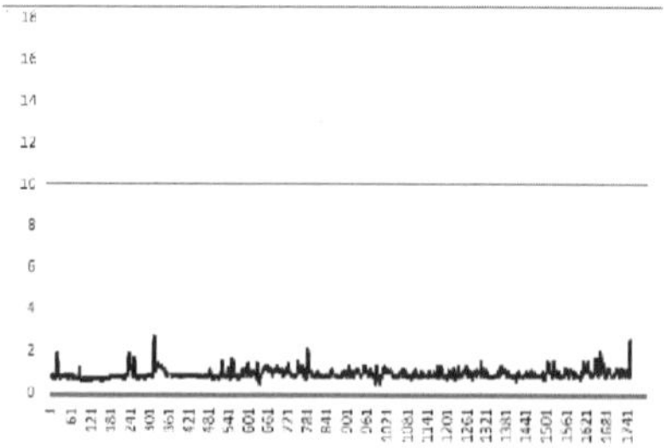

図 9.3　市販品マットレスの血流量

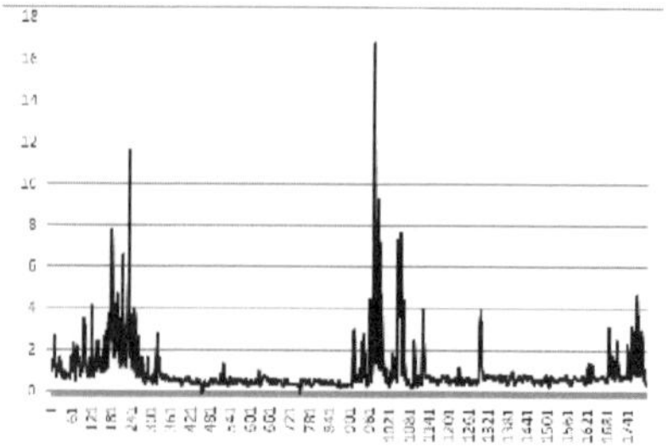

図 9.4　新マットレスの血流量

新素材マットレスの効果実証実験

新素材マットレスが現実に苦しんでいる褥瘡患者に果たしてどのような効果をもたらすかの実証実験を，秋田労災病院にて実施した。当時の院長は褥瘡問題に強く関心を持たれ，実証実験の重要さを深く理解していただき，全面的なご協力を得た。倫理委員会からも承認をいただいた。

検証実験の時期に褥瘡で病院に入院していた患者は 7 人であり，本人およびご家族の了解を得て検証に入った。この経過を日本褥瘡学会誌で報告した（2009 年）ので，それを再掲する [3]。

［目的］低反発マットレスと，新たに人間工学的に開発された高反発マットレス（ラクマットエアー DX）を比較し，褥瘡治療の有効性を分析した。血清アルブミン値（Alb），ヘモグロビン値（Hb），CRP，BMI，年齢等で比較検討した。

［倫理的配慮］患者，家族に新製品の使用とデータの利用に関して，了解を得た。データはコード化し，個人が特定されないようにプライバシー保護に配慮した。

［開発研究］褥瘡発生のメカニズムを考慮し，広島国際大学にてポリウレタン素材の 3 次元スプリング構造体を人間工学見地から新たに製造し（ブレスエアー），単体 10 種，組み合わせ 30 種，既成マットレス 10 種を体圧分散測定 (PSA)，感性調査し，「ラクマットエアー DX」を開発した。

［結果］1–4 週間で治癒する短期グループと数か月かかって治癒する長期グループに分けられる。前者は DESIGN 評価点 6 ～ 10，ステージ II ～ III は約 1 週間で治癒した。後者は DESIGN 評価 9 ～ 10，ステージ III で 4 か月経過した。処置方法については，日本褥瘡学会が規制しているメディカルケアを医師の指示にて実行した。TP，ALB，HB，CRP の血液データで両者を比較した。褥瘡治療とともに CRP の減少を認めたが，それ以外の指標については，相関を認めなかった。

［考察・まとめ］新製品は沈みがないため，寝返りがしやすく，わずかな体の動きを補助する体位変換が容易にでき，ムレにくい素材により寝床内温度が一定に保たれる特徴があり，褥瘡 DESIGN-R 評価の結果，全患者の点数が低下しており，褥瘡が改善していることが明らかとなった。

以上が発表内容であり，会場はシーンと静まり返り，質問が出なかった。議長は「素晴らしい研究であり，皆様も驚かれたことだと思う」と感想を漏らした。

図9.5を見てほしい。これが上記研究結果である。患者7名のうち5名は1か月程度で褥瘡が完治しており，残りの2名のうち，1名は1度治り再発したが，5か月目に治癒している。通常の治療を受けており，特別の治療を受けたのではない。人間工学的に研究して開発されたマットレスの上で通常の治療を受けただけのことである。

このように，医学の知見にしたがい人間工学的観点からの開発が大きく寄与する場合があることを理解してほしい。

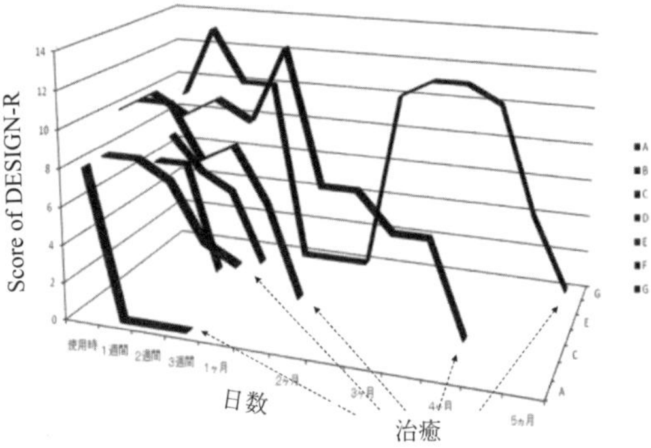

図9.5　新マットレスによる褥瘡寛解のプロセス

図9.6　新幹線シート（ブレスエアーを使用）
（東洋紡株式会社の社内報より）

本研究で開発されたラクマットエアー DX の素材と開発の原理は，日本の新幹線シートに応用されている（図 9.6）。

9.2　足首可動性 VR リハビリゲームの開発と評価

わが国では高齢化の進行とともに身体障害者の数が増加している [4]。身体機能の改善のためのリハビリ訓練の必要性が高まっている反面，セラピストの不足と障害者のモチベーションの欠如により，適切なリハビリ訓練が実施されていない。他方，VR 技術や VR のセンシング技術の活用がその役割を補完できると考えられる。仮想環境でのユーザーの動きにさまざまなフィードバックを反映させる VR エンターテインメントシステムが効果があると予想される。VR は運動リハビリにも最適であり，VR を利用することで，リハビリに対する患者のモチベーションを高め，その結果を視覚化し，セラピストの負担を軽減することが期待される [5]。ゲームを楽しむという要素も含めたリハビリ支援システムがいくつか提案されているが [6]，本章では，VR リハビリテーションシステムの基本的な構成を備えた 2 つのサポートシステムを開発することを提案する。特に，ユーザーがデバイスを操作するときのフォースフィードバック機能の有効性，上肢リハビリテーションのための VR 技術を利用した体動認識のサポート，および筋電図信号を測定することによる VR リハビリテーションシステムの評価について解説する。また，同様の構成で下肢の VR リハビリテーションシステムを開発し，座位姿勢で安全トレーニングを行う環境を提供する。さらに血流との関係からゲーム中の走行距離を推定し，認知症防止・軽減の可能性を示唆する。

9.2.1　過去の研究の概要

9.2.1.1　運動学習理論に対応する基本的なシステム構成

体の動きは，運動学習による技能習得を通じて発達させることができる。運動学習理論の 1 つを図 9.7 に示す。この理論はフィードバック制御理論と呼ばれ [7]，まず学習者は環境の状態を認識する。次に，学習者は条件に合った動作を考慮し，持っている知識に基づいて動作を計画する。実際に動き始めると，学習者は自分の動きを監視し，必要に応じて修正する。

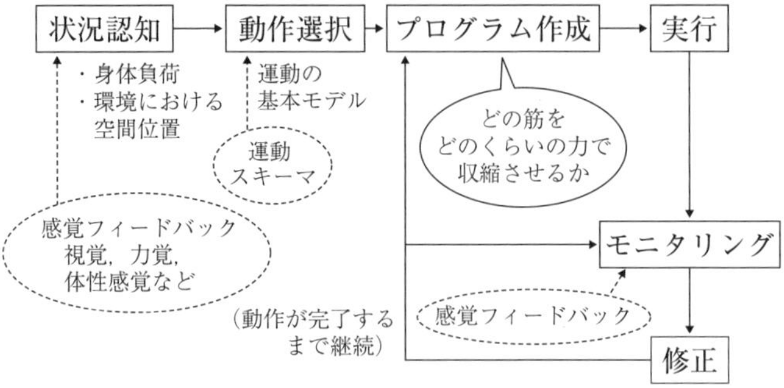

図 9.7　フィードバックコントロール学習モデル

モーション（動作）取得では，自分のモーションをチェックする機能が必要であり，VR はモーションの視覚化に優れていることから，VR ベースのリハビリが有効である。基本的な VR ベースのリハビリシステム構成を図 9.8 に示す。この構成は，入出力インターフェースと仮想トレーニング環境で構成されている。インターフェースとしてのフォースフィードバックデバイスは力によって物理的にユーザーに働き，高品質の仮想体験を提供する。

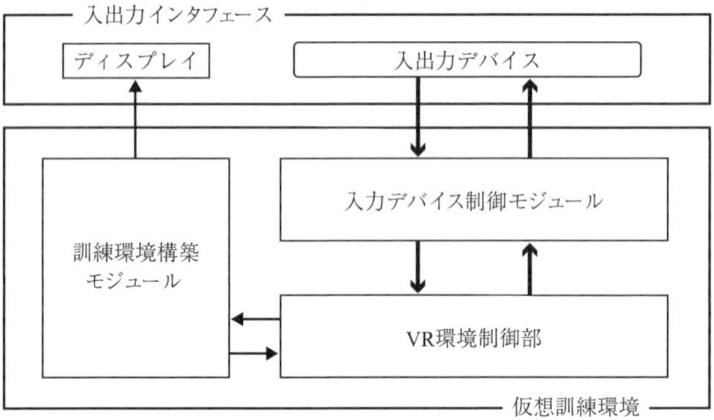

図 9.8　基礎的 VR 環境リハビリテーションサポートシステム

このシステム構成に基づく上肢の VR リハビリテーションサポートシステムについては，次のセクションで説明する。

9.2.1.2　投球システム

投球システム [8] の目標動作は，図 9.9 に示す上肢の高速動作である。ユーザーは，ソフトボールピッチャーのように，アンダーハンドでボールを投げる。さらに遠くへ投げるには，上肢の動きを加速する必要がある。本システムを用いたトレーニングにおける上肢の動きは，肩関節の屈曲・伸展，肘関節の屈曲・伸展，前腕の回外・回旋など 8 種類の動きとなる。これらの動きは，多くの場合，同時にかつすばやく行われる必要がある。ユーザーは，力覚提示装置を手で持ち，投げ運動を行う。このとき，ユーザーは仮想ボールの重さと抵抗力を感じることができる。速く動くと，ユーザーは強い力を感じる。

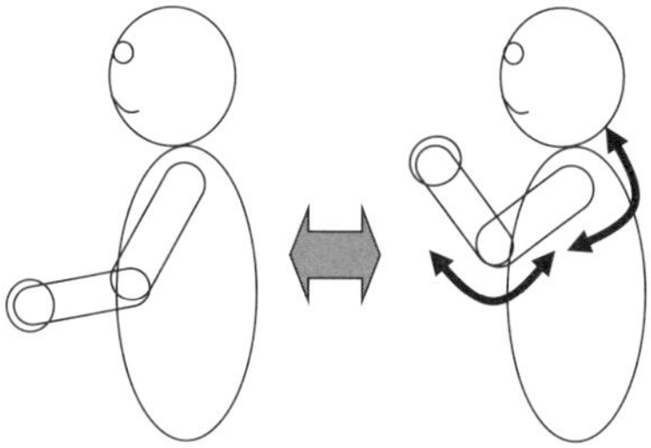

図 9.9　投球システムのトレーニング動作

図 9.9 に仮想トレーニング環境を示す。ユーザーはターゲットにボールを投げる。フォースフィードバックデバイスのスタイラスの動きを示すポインターが表示され，上肢の動きの方向が示される。

身体障害者が不自由なく運動するのは難しい可能性があるので，このシステムのトレーニングには，4 ステップのモーションとタスクを考える。図 9.10 に，システム内のトレーニング環境を例として示す。ステップ 1 と 2 で，ユーザーはボールの単純化されたスローモーションを「ロール」する。ステップ 3 と 4 では，ユーザーはアンダーハンドで「投げる」ように動作する。さらに，ステップごとにトレーニングタスクが用意されている。ステップ 1 で前方に転がり，ステップ 2 または 3 で投げる方向を設定するためにロール／スローする。ステップ 4 でボールを投げ，その方向と距離が決まる。これらのタスクは，一般的なトレーニング方法に基づいている。つまり，①関節の拘縮の緩和，②筋力の増加，および ③運動中心における伝達経路の形成である。

評価では，身体障害者 3 名が実験に参加した。参加者の 1 名は 20 代の男性であった。男性は両上肢のなめらかな動きに困難があった。さらに，中程度の知的

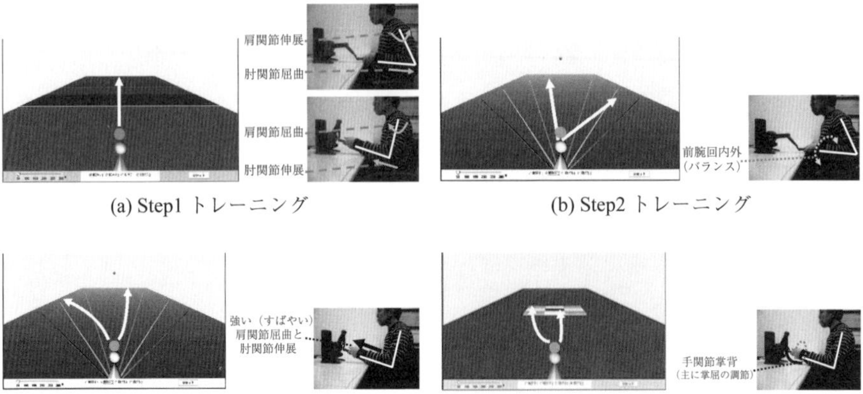

(a) Step1 トレーニング　(b) Step2 トレーニング
(c) Step3 トレーニング　(d) Step4 トレーニング

図 9.10　投球システムにおけるトレーニング環境の例

障害もあり，指示通りに体の一部を動かすことができなかった。図 9.11 は，男性による試行を示している。トレーニング環境は，ステップ 1 でスタイラスをスムーズに操作することが困難だったため，ボールの重量が 50 グラムに設定された。男性は 30 回投球を試みた。図 9.12 に男性の投球動作速度の推移を示す。ステップ 1 のトレーニングタスクは，前後方向へのモーションのみで構成され，図 9.12 のグラフは，そのモーションデータを示している。さらに，動作速度の平均を表 9.1 に示す。平均スコアは試行 10 回ごとに計算している。図 9.12 より，1 回目から 7 回目まではスタイラスの操作がうまくいかなかったが，8 回目以降は，動作速度はそれほど速くないがほぼ安定したことがわかる。男性にボールをさらに転がすよう指示し，21 回目の試行の後，何回か上肢を前方向にスムーズに動かすことができた。特に，試行錯誤の末，最後の 3 回は連続でなめらかな動きを見せた。この向上は，表 9.1 の 21 ～ 30 回目の平均スコアでも明らかになった。男性は，体の一部の動かし方の指示が理解できなかった

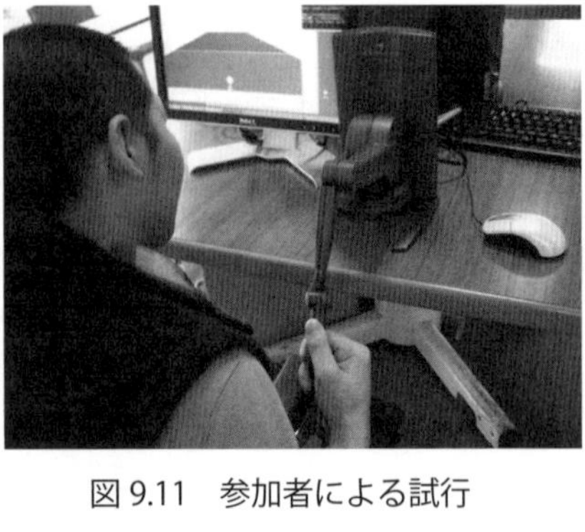

図 9.11　参加者による試行

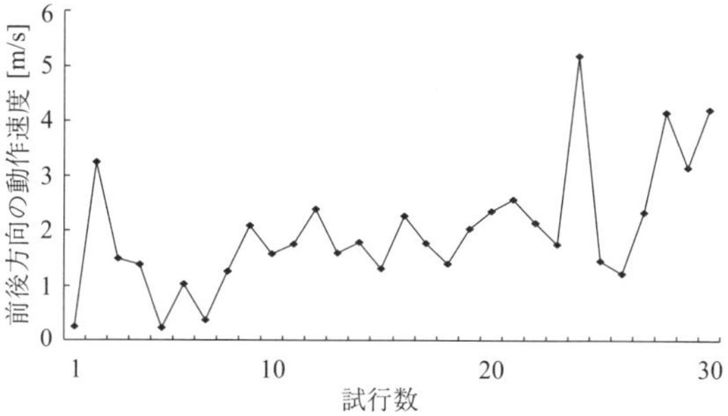

図 9.12　参加者の投球動作性能の推移

表 9.1　参加者の動作速度の平均スコア

上肢の動作	1 ～ 10 回目	11 ～ 20 回目	21 ～ 30 回目
前後方向 [m/s]	1.29	1.86	2.82

ため，実際に上肢を動かす方法ではなく，仮想トレーニング環境でボールを操作する方法を指示した。試行の終わりに彼の動作が向上したことは，仮想環境でのイベントを利用した指導の効果であると思われる。

9.2.1.3　3D 迷路システム

リハビリテーションのための 3D 迷路システムのターゲットモーション [9] は，上肢によるモーションレベルになる。到達運動は，上肢の大きな動きである。臨床実習での運動トレーニングの目標の一つは，ユーザーがリングを右または左に大きく動かすリング移動タスクである。リング転送タスクでは，主に水平方向の動きが訓練される。ただし，肩関節には 3 つの運動自由度があり，膝関節には 1 つの運動自由度があり，そのため人間は上肢を 3 次元空間で動かすことができる。したがって，左右の方向だけでなく，上下や前後の方向にも動きを訓練する必要がある。3D 迷路システムにはリハビリ環境があり，ユーザーは水平，垂直，前後方向の大きな動きを現実世界の動きとして体験できることになる。

3D 迷路トレーニング環境（図 9.13）では，学習者は与えられたパスに沿って移動する。ユーザーは直接ゴール位置に移動することはできない。そのため，ユーザーは全体的なパスとパス上の中間点を設定し，中間点に到達するために運動する方法を検討して実行する。たとえば，図 9.13 に示すタスクでは，ユーザーは矢印にしたがってスタイラスポインターを動かす。壁の中にある通路をユーザーが通過するとき，ユーザーは，通路の位置が壁の上部／下部または前面／背面のどこにあるかを認識する。さらに，ユーザーはスタイラスを動かすために筋肉をアクティブにする方法を検討する。このトレーニング環境では，ユーザーが事前に配置された通路に沿って移動し，実行された上肢の一種の動きがすべての通路に対応するため，表 9.2 に示すように，動作の筋肉を特定できる。したがって，スタイラスポインターと壁との衝突回数が増加したり，スタイラスの移動が

図 9.13　3D 迷路トレーニングの環境

表 9.2　迷路の通路を通過する動きと収縮筋の対応関係

経路番号	運　動	主働筋
1，4，7，10，13	上腕の外旋	三角筋
2，8	上腕の伸展	広背筋
3，9	前腕の屈曲	上腕二頭筋
5，11	上腕の屈曲	大胸筋
6，12	前腕の伸展	上腕三頭筋

困難になったりすると，そのときの筋肉や動きが異常であることが推定される。

システムの評価では，提案システムを用いた訓練による運動学習の可能性を検討した。実験参加者は，障害のない 5 人の学生（22 ～ 28 歳，SD = 2.39）であった。図 9.14 は，参加者による試行ごとの仮想壁との衝突回数を示している。参加者 A，B，D による仮想壁との衝突回数は，試行ごとに減少する傾向があった。一方，参加者 C と E の衝突回数は減少しなかったが，すべての試行で衝突回数は少なかった。したがって，最初は衝突数が多ければ運動能力を習得でき，衝突数が小さければ理想運動を維持できると考えられる。また，参加者 A が持つスタイラスの動きを図 9.15 に示す。図 9.15 (a) は 1 回目から 5 回目の試行の結果，(b) は 6 回目から 10 回目の試行の結果である。図の灰色の領域は，迷路の仮想壁を表している。一方，図では，モーションは水平（x 軸）と垂直（y 軸）の位置データのみによって描画される。この実験環境では，学習者は奥行き方向の動きを意識する必要がないので，参加者の動きを主に示していると考えることができる。最初の 5 つの試験と最後の 5 つの試験でのパフォーマンスの比較がある。図 9.15 (a) と (b) から，試験の後半では軌道の不安定性が試験の前半に比べて小さいことがわかる。他の参加者も参加者 A の結果と同様の傾向がある。そのため，特に衝突回数が減らなければ，迷路訓練環境で訓練を繰り返すことで，ユーザーは同じ動きをすることができるかもしれない。そのため，ユーザーは運動を習得できるとされている。

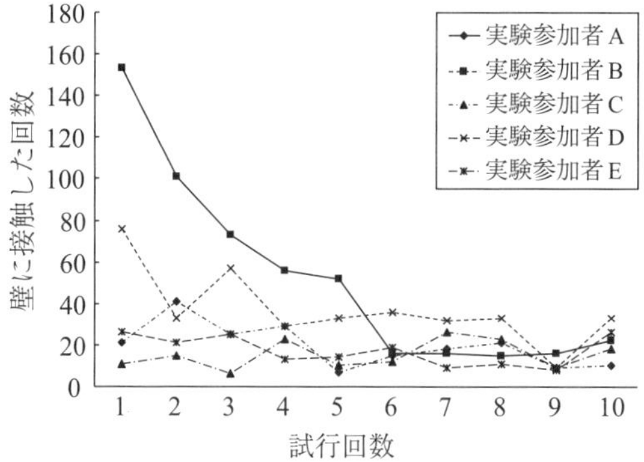

図 9.14　各試行における仮想壁との衝突の数

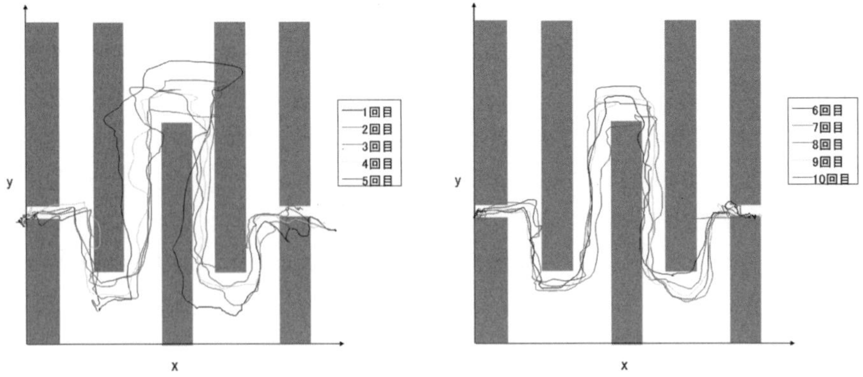

(a) (b)

図 9.15　被験者 A の動き (a) 1 回目から 5 回目の試験結果
(b) 6 回目から 10 回目の試験結果

9.2.2　足首の可動性を維持するための VR ベースのリハビリ支援ゲーム

9.2.2.1　ゲーム開発の目的

ウォーキングは，高齢者の生活の質を維持するための重要な動作の一つである。ただし，筋力が低下しているため，歩行の危険性が高い高齢者もいる。転倒の要因の一つは，足首の可動性の欠如である。この足首の可動性の問題は，廃用症候群または脳梗塞による運動機能の障害により，関節の可動域が減少する拘縮によって引き起こされる。十分な足首の可動性がない高齢者は，足首の背屈が十分でないため，歩行時のかかとの接触段階でつまずくことがよくある。さらに，つま先から離れる段階では，つま先で押す力では足りないため，スムーズに歩くことが難しい場合がある。

足首の可動性を維持し，関節の拘縮を防ぐために，背屈および足底屈のための受動運動範囲の運動が行われる。下肢のためのロボットによるリハビリテーションシステムも提案されている。しかしながら，セラピストによる一般的なリハビリテーションでのトレーニングの成果を直接見ることは難しいので，患者はリハビリテーションへのやる気を失いがちになる。既存のロボットリハビリテーションシステムでは，体力が不明なユーザーが立ち位置を必要とするため，転倒時の安全性に問題が生じることがある。その上，足首の可動性のためのリハビリテーションシステムは存在しない。

本研究では，VR ベースの足首可動性リハビリゲームを開発した。足の動きで操作するコントローラーをユーザーインターフェースとして導入し，ユーザーが仮想環境でアバターを操作する。ゲームのデザインは探検のようなものなので，ユーザーのタスクの成果を理解するのは簡単である。ここでは 2 種類の探査環境を開発している。これらの環境では，ユーザーがアバターを制御するときに足を動かす方法が異なる。以下，システムの概要と障害者の体験型試用による評価について述べる。

9.2.2.2　システムの概要

ユーザーのタスクは，アバターを制御し，VR 探索ゲームの最初からゴールポイントに移動することである。ユーザーは，VR フットコントローラー 3dRudder を使用してアバターを制御する（図 9.16）。3dRudder は，座った状態でユーザーの足によって操作される。図 9.17 にコントローラーの操作方法を示す。ユーザーは，アバターを前に動かすために，足関節を底屈させ，コントローラーを前に傾ける必要がある。ユーザーがアバターを後方に移動したい場合，ユーザーは足首の関節を背屈させ，コントローラーを後方に傾ける必要がある。ユーザーがアバターを横方向に移動したい場合，ユーザーは足の位置を前後に動かしてコントローラーを回転させるか，片足で押してコントローラーを水平方向に傾ける。また，コントローラーの操作を組み合わせることで，アバターを斜め方向に動かすこともできる。

2 種類の探検ゲーム環境を開発した。ゲーム 1 のタスクは，迷路のようにマップ内のゴールポイントを検索することであり，ゲーム 2 のタスクは，ゴールに向かう途中でできるだけ多くのアイテムを収集することである。図 9.18 にゲーム 1 の表示例を示す。ゲーム 1 は直線の経路のみで，環境の角の角度は 90 度刻みである。したがって，ユーザが移動方向を変えると，一旦アバターの動きを止めてから方向を変えて前進することになる。また，立方体は正弦波に基づいて 1 か所

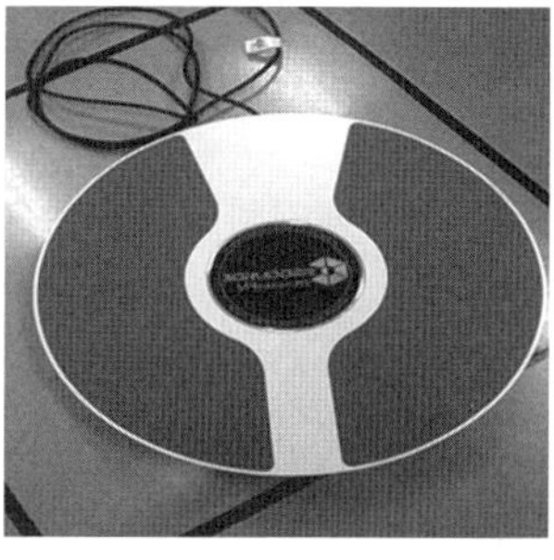
図 9.16　VR フットコントローラー

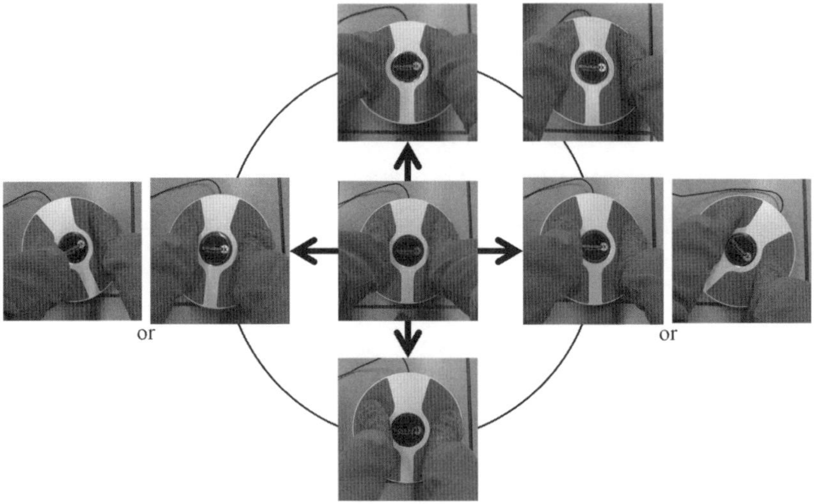

図 9.17　コントローラーの操作方法

図 9.18　ゲーム 1 の環境

で移動し，一定の時間間隔でルートをブロックする。図 9.19 (a) は，立方体による閉じた経路を示し，(b) は，開いた経路を示す。したがって，ユーザーはルートが開いている間，適切なタイミングで通過する必要がある。このタスクでは，ユーザーは視覚情報に基づいて適切なタイミングでスムーズに足をエクササイズする必要がある。一方，ゲーム 2 では，マップ上に石畳の道路が構築されている。図 9.20 にゲーム 2 の表示例を示す。ユーザーは道路に沿ってアバターを操作する。ゲーム 1 環境とは対照的に，道路には不規則なカーブがある。道路上では，一度に前後と左右の方向にアバターを移動することで推進する。さらに，道路にはア

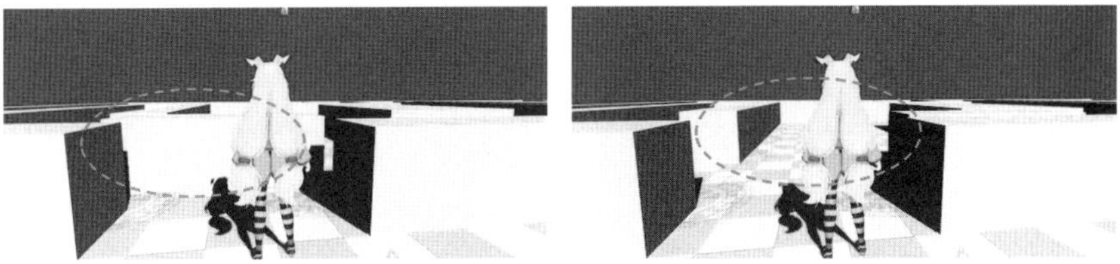

(a)　　　　(b)

図 9.19　立方体形式で通路を開閉する

図 9.20　ゲーム 2 の環境

イテムが配置される。ユーザーはゴール地点に向かう途中でそれらを収集し，取得アイテムの数を他のユーザーと競うことになる。

9.2.2.3　試行実験による評価

障害者支援施設での体験型試用で提案システムの評価を行った。試用参加者は，身体障害者の高齢者である。参加者は歩行補助器具なしで 1 人で歩くことができたが，下肢と上肢の両方をスムーズに動かすことができない。また，発声障害と発達障害があり，ほとんどの会話は理解できたが，発話はなかった。図 9.21 は，試用の様子である。試用では，ゲーム 2 環境で参加者がプレイした。参加者は，ゲームのタスクとコントローラーの操作方法について聞いた後，試用を開始した。

ゲームの初期の使用時に，コントローラーの適切な傾斜角度を理解できなかったため，参加者はアバターを思い通りに制御できなかった。しかし，数分後，アバターは道路から大きく逸脱しなくなった。参加者はアバターを制御して，曲がった道路に沿って斜めに移動することもできる。また，試用開始後，参加者が

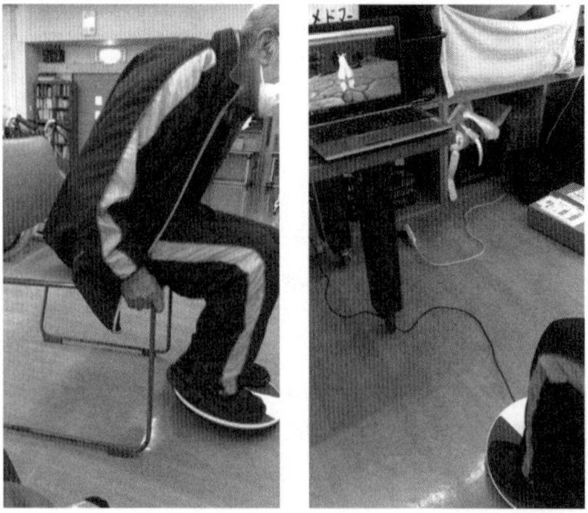

図 9.21　高齢身体障害者による試用

一度提供した指示だけで，道路の側端でアイテムを見つけて収集することができた。タスク（道をたどり，アイテムを収集する）を明確にすることが，アバターをスムーズに制御することにつながったと思われる。

他の施設利用者に対しても試用してもらったところ，「足でコントローラーを操作することはできなかったが，手でゲームをしたい」「アイテムの数や経過時間をみんなで競ってみたい」と希望が出た。これらのコメントは，他人と競争することによってリハビリテーションゲームのモチベーションを高める可能性を示唆している。新種の商品など，より競争力のある指標を揃えることが今後の課題である。

9.2.3　まとめ

本章では，VR ベースのリハビリテーション支援環境の基本的な設計フレームワークを，3 つのシステム開発経験を通じて示した。また，足首の可動性を維持するための VR ベースのリハビリテーションゲームも提案した。ゲームを使用したリハビリの目的は，適切な歩行に必要な足首の可動性を維持すること，また，座位での足首の可動性を安全にトレーニングすることであった。試用では，他人と競争することによってリハビリトレーニングゲームのモチベーションが高まる可能性が示唆された。

今後の開発では，VR リハビリテーションゲームに興味深いものを追加し，ユーザーのバランス能力を測定することにより，VR ゲームのリハビリ効果を感知できるものにしたい。

また，83 歳の一人の被験者に参加を求め，認知症を軽減するために認知症テストを事前に試行し，ウサギの獲得実験を 5 試行実施したところ，血行測定から平均時速 4.5km の距離を走行したのと同等の結果を得た。認知症軽減の効果についてはより詳細な研究が求められる。

参考文献

[1] 長町三生：感性イノベーション , 海文堂出版 , pp.118-127, 2014.

[2] Nagamachi, M., Ishihara,S., Nakamura, M., Morishima, K.：Development of a pressure-ulcer-preventing mattress based on ergonomics and kansei engineering, Gerontechnology, Vol.11, No.4, pp.513-520, 2013.

[3] 畠山ルミ子 , 古屋敷智恵美 , 成田久美子 , 千葉光穂 , 神里信夫 , 長町三生 , 中村政行 , 森島淳：高反発マットレス（ラクマットエアー DX）使用による褥瘡への効果 , 日本褥瘡学会誌 , Vol.11, No.3, pp.353, 2009.

[4] Cabinet office, Government of Japan, Annual Report on the Aging Society: 2015, https://www8.cao.go.jp/kourei/english/annualreport/2015/2015pdf_e.html.

[5] Sveistrup, H.：Motor Rehabilitation Using Virtual Reality, Journol of NeuroEngineering and Rehabilitation, Vol.1, No.10, http://www.jneuroengrehab.com/content/1/1/10, 2004.

[6] Ohsuga, M., Inoue, Y., Hashimoto, W., Nakaizumi, F.：VR Applied Asobi-Litation System for Dementia Elderly in Group Homes, Journal of Robotics and Mechatronics, Vol.19, No.6, pp.698-704, 2007.

[7] Schmidt, R.A.：Motor Learning & Performance: From Principles to Practice, Champaign, Illinois, 1991.

[8] Kanbe, A., Matsubara, Y.：Virtual Motor Learning Environment with Function of Presenting Force Feedback for Speedy Motion, Proceedings of the 16th International Conference on Computers in Education, pp.681-688, 2008.

[9] Kanbe, A., Nagai, K., Matsubara, Y., Iwane, N., Okamoto, M.：Development of a VR-based Motor Learning Support System for Large Motion of Upper Extremity, Proceedings of the 17th International Conference on Computers in Education, pp.708-712, 2009.

あとがきに代えて ──感性工学の世界的展望──

1970 年に感性工学を開始して丁度 50 年になる。最初は情緒工学という名称を使用していたが，後日「感性工学」に名称を変え英語の Kansei Engineering も国際的に通用するようになった。

感性工学の商品は，工学部建築工学科の岩重律子氏が長町研究室で卒業論文を書きたい，との申し出があり，室内設計を題材とする研究を開始したのが，始まりである [1]。室内模型を作成し室内飾デザインや色彩を何通りも変化させて学生に評価させる。その際の感性とデザイン特性との関係を統計を使って分析した結果が NHK に取り上げられ，東京 NHK103 スタジオで放送された。それをたまたま視聴した福岡の株式会社ホームインテリアの経営者から自社にそのシステムを導入したいとの NHK 内で申し出があり，“ホームインテリア” の名称で新聞に掲載した。

ホームインテリアは，たとえば「子供が学校から帰って自室に入った途端，なんとなしに宿題をしたくなる」ような雰囲気を醸し出す，といった，室内の雰囲気と感性とが協調するように開発している。

瞬く間に，九州一円に広がり，他県からも顧客が訪れ，すべての新聞で取り上げられ，壁紙クロス製作の株式会社サンゲツも急速に利益を上げた。これが最初の成功事例である。その後 80 事例ほどの成功を重ねてきた（表 1.1）。

誰でも感性工学を使用すれば開発に成功するようにしたいとの思いで，最初は数量化分析手法にこだわったが，苦労の末，JMP ソフトを使用すれば確実に開発に成功する事態に至った。その技術を本書で詳細に記載した。専門的すぎる個所もあるが，本書に沿って体験をつづければ，確実に商品開発の腕が上がるはずである。

世界的に，「感性工学（Kansei Engineering）」の研究が盛んになり，アメリカ，ヨーロッパ，アジア，どの国も盛んに研究をしている。

図 1 は，重本祐樹氏（福岡女子大学）が調査した世界 230 か国から感性工学に関して発表された論文の国別集計を示す。日本が第 1 位であるが 2 位の国（中国）の研究数がすぐ近くまで追いついてきている。この国では，国策として重点

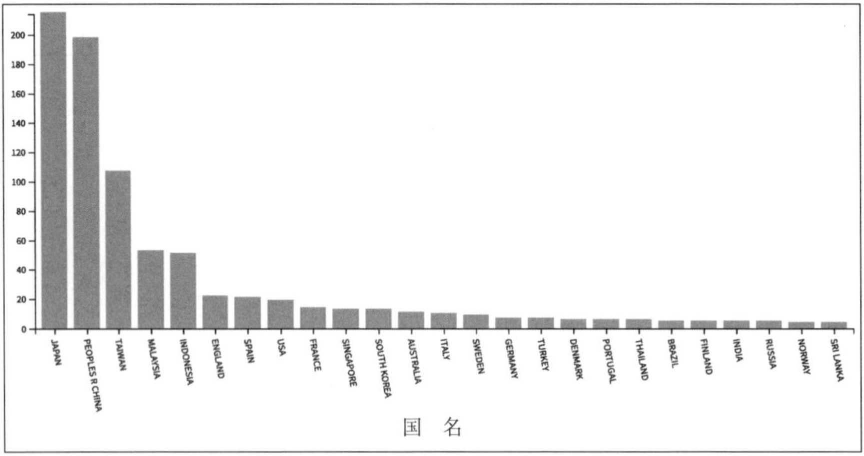

図 1　国別感性工学論文数（2021 年度）

大学に研究費を配分して研究を進めるように命令している。

最近の論文を拝見すると，人中心，顧客中心，emotion 中心，果ては “Emotionalism” という言葉まで誕生し，“情緒” や “感情” 重視の風潮が極端に高まっている。

感性工学は日本生まれの，そして広島生まれの開発技術である。長年にかかって誰でも習得できる技術として完成の途上にある。しかも AI や VR と非常に相性がよく [2]，これからもいろいろな分野の商品開発や人間行動の予測等に応用できる。若い研究者が，さらに世界に通用する技術へ展開，発展できるよう努力してくれることを願ってやまない。

そして，いつまでも日本が世界を牽引できる位置にいることを願っている。

参考文献

[1]　長町三生 , 瀬沼勲 , 岩重律子：室の雰囲気に関する感情分析 , 人間工学 , Vol.13, No.1, 1977.

[2]　長町三生：感性工学と AI & VR, 日本人間工学学会 , 2020.

索　引

【監修者】
長町　三生（ながまち　みつお）
昭和 11 年神戸に生まれる。昭和 33 年広島大学教育学部心理学科卒業，昭和 38 年文学博士。昭和 39 年助手，同 43 年助教授を経て，同 53 年広島大学工学部教授。平成 7 年広島大学地域共同研究センター長。平成 8 年国立呉工業高等専門学校校長。広島国際大学人間環境学部長，九州大学ユーザーサイエンス機構客員教授を経て，現在，立命館大学総合研究機構（デザイン部門）主席研究員，ほか広島大学，広島国際大学名誉教授。感性工学，人間工学，安全工学，認知科学，労務管理を専攻。著書に『感性工学』『QC サークルの心理学』（海文堂出版），『感性工学のおはなし』（日本規格協会），『快適工場への挑戦』（日本プロダクトメンテナンス協会），『中高年の能力開発と活性化』（日本能率協会），『現代の人間工学』（朝倉書店）ほか多数。

【執筆者】

長町　三生	上記参照（1 章，2 章，8.2 節，9 章，あとがきに代えて）
藤本　　晶	長岡技術科学大学客員 教授（2.1.1 項）
辻　　敏夫	広島大学大学院先進理工系科学研究科 教授（3 章）
曽　　　智	広島大学大学院先進理工系科学研究科 助教（3 章）
古居　　彬	広島大学大学院先進理工系科学研究科 助教（3 章）
松下虎弥太	広島大学大学院工学研究科 大学院生（3 章）
石原　茂和	広島国際大学総合リハビリテーション学部リハビリテーション学科 教授（4 章，7 章，8 章）
西野　達夫	広島国際大学心理科学部感性デザイン学科 元教授（5 章）
土屋　敏夫	下関市立大学経済学部国際商学科 教授（6 章）
松原　達郎	株式会社 Synamon エンジニア（8.1 節，8.2 節）
梶岡　美生	株式会社カジオカ L.A 代表取締役社長（8.2 節）
神邊　篤史	愛知工科大学工学部情報メディア学科 助教（9 章）
重本　祐樹	福岡女子大学 専任講師（あとがきに代えて）

ISBN978-4-303-72398-9
感性工学と AI、VR への応用

2021年10月20日　初版発行

監　修　長町三生
発行者　岡田雄希　　　　検印省略
発行所　海文堂出版株式会社
本　社　東京都文京区水道2-5-4（〒112-0005）
電話 03（3815）3291㈹　FAX 03（3815）3953
http://www.kaibundo.jp/
支　社　神戸市中央区元町通3-5-10（〒650-0022）
日本書籍出版協会会員・工学書協会会員・自然科学書協会会員

PRINTED IN JAPAN　　印刷　東光整版印刷／製本　誠製本